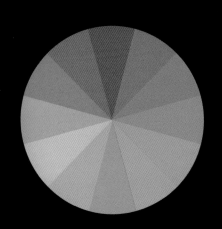

컬러, 그 비밀스러운 언어

COLOR

빨강, 주황, 노랑, 초록, 파랑, 보라색이 내포하는 과학, 자연, 역사, 문화, 그리고 미학적 의미

조앤 엑스터트, 아리엘 엑스터트 **지음** | 신기라 **옮김**

시그마북스
Sigma Books

컬러, 그 비밀스러운 언어

발행일 2014년 9월 10일 초판 1쇄 발행
지은이 조앤 엑스터트, 아리엘 엑스터트
옮긴이 신기라
발행인 강학경
발행처 시그마북스
마케팅 정제용
에디터 권경자, 양정희
디자인 홍선희, 김수진

등록번호 제10-965호
주소 서울특별시 영등포구 양평로 22길 21 선유도코오롱디지털타워 A404호
전자우편 sigma@spress.co.kr
홈페이지 http://www.sigmabooks.co.kr
전화 (02) 2062-5288~9
팩시밀리 (02) 323-4197
ISBN 978-89-8445-575-7(13400)

THE SECRET LANGUAGE OF COLOR
by Joann Eckstut and Arielle Eckstut

* **시그마북스**는 (주)시그마프레스의 자매회사로 일반 단행본 전문 출판사입니다.

물리학과 화학

10

빨강

34

우주

48

주황

70

지구

84

노랑

106

식물 **120**

초록 **144**

동물 **158**

파랑 **182**

인간 **196**

보라 **220**

색은 불과 같이 인간의 기초적인 필요를 나타낸다. 불과 물

자신을 색 전문가라고 말하는 사람이 있다면 분명 거짓말쟁이일 것이다. 진정한 색 전문가라면 물리학, 화학, 천문학, 광학, 신경과학, 지질학, 식물학, 동물학, 인간 생물학, 언어학, 사회학, 인류학, 미술사, 지도 제작 등 다양한 학문에 능통해야 하기 때문이다. 사실 이 책을 저술하기 전에는 우리조차 자신이 색 전문가라고 자처했었다. 그 후 색이라는 물질의 한없는 폭과 깊이를 몸소 체험한 후 겨우 제정신을 차릴 수 있었다고나 할까?

이에 따라 자칭 '색 관광객'으로서 무궁무진한 색의 정글, 사막, 도시, 숲, 전원, 바다, 기념물, 그리고 박물관을 여행하면서 색에 대해 재조명해보고자 한다. 우리는 그동안 색이라는 세상을 여행하면서 마음에 끌리는 것들을 수집했다.

이 여행길에서 우리가 배운 가장 중요한 것은 아마도 색이 우리 삶에 왜 그토록 편재해 있는지 그 이유에 대한 것이다. 실제로 대뇌의 신피질 ─언어에서 움직임, 문제 해결까지 모든 것을 관장하는 두뇌의 일부─ 활동의 80% 이상이 눈을 통해 이루어진다. 우리가 처리하는 외부 세계의 정보 대다수가 시각적인 것이며, 우리 눈에 보이는 것에는 모두 색이 있다.

자연자원은 인간의 삶에 없어서는 안 될 필수적인 요소다.

– 페르낭 레제Fernand Leger

그렇다면 왜 이 모든 것에 시각적인 처리가 필요한 것일까? 우리는 좋든 싫든 태양이 비추는 행성에 살고 있다. 햇빛으로 인해 우리 인간을 비롯해 대다수의 생물은 자연스레 색을 인식하게 된다. 수백만 년 동안 색은 이 지구상에서 생존을 위한 일종의 지도 역할을 해왔다. 이 세상 만물에는 색이 입혀져 있으며, 모든 생물은 이에 따라 호감을 느끼는 대상, 먹을 수 있는 것, 두려워해야 할 시점, 그리고 어떻게 행동해야 하는지에 대해서까지 알 수 있다. 즉 색은 대부분의 행위에 영향을 미치는 셈이다.

화가 난 사람을 빨간색으로 나타내거나 수줍음이 많고 내성적인 사람을 보라색으로, 샘이 많은 사람을 초록색으로, 끊임없이 재잘거리는 사람을 파란색으로, 우중충한 기분은 검은색으로 나타내는 등 색을 사용하여 다양한 상황을 표현할 수 있다. 이 책이 놀라운 자연의 힘을 조명하고 경이로움을 느끼게 함과 동시에 자연의 힘에 대해 다채로운 그림을 그리는 데 도움이 되길 바란다.

이 책의 구성에 대해 덧붙이자면, 색이라는 주제를 탐구하면서 우리는 공유하고자 하는 정보가 자연스럽게 두 그룹으로 나뉜다는 것을 발견했다. 그 하나는 가시 스펙트럼의 색조와 관련된 것이며, 다른 하나는 색이 물리학, 화학, 우주, 지구, 식물, 동물, 그리고 인간에게 미치는 영향과 관련된 것이다. 따라서 이 책은 이 두 가지 유형을 번갈아 설명하는 형태로 구성되어 있다.

물리학과

화학

플라톤, 뉴턴, 다빈치, 괴테, 아인슈타인 같은 위인들을 비롯해 많은 사람들이 색의 심오한 복잡성으로 인해 고심해왔다. 그들은 색이 연출해내는 신비로운 작품을 설명하기 위한 체계를 만들어가며 색에 대해 이해하고자 했다.

그중 일부는 현대의 과학적 지식이라는 유리한 입장을 이용해 다른 이들보다 많은 성과를 거두었는데, 지금은 그러한 성과 중 대다수가 우스꽝스럽고 괴상한 환상이라는 점이 명확히 밝혀졌다. 기원전 5세기 플라톤은 우리 눈의 색각(色覺, 색을 구별하여 인식하는 능력)과 눈물 간의 관계를 유추했다. 18세기와 19세기에는 괴테가 색조를 '강렬한, 온화한/부드러운, 빛나는/화려한'의 세 그룹으로 분류하여 무질서한 색의 세계를 체계화하려고 노력했다. 그 결과, '색에 대한 이해'라는 측면에서 큰 진전을 이루었지만 그럼에도 여전히 많은 부분이 수수께끼로 남아 있다.

색은 어디에나 있지만 우리 대다수는 색의 기원에 대해 생각해본 적이 없다. 보통 사람들은 하늘이 왜 파랗고 잔디는 왜 푸르며 장미가 왜 빨간지 전혀 알지 못한다. 그저 당연하게 받아들일 뿐이다. 하지만 실제로 하늘은 파랗지 않고 잔디는 푸르지 않으며 장미는 빨갛지 않다. 이것이 바로 우리가 수세기에 걸쳐 알아낸 사실이다.

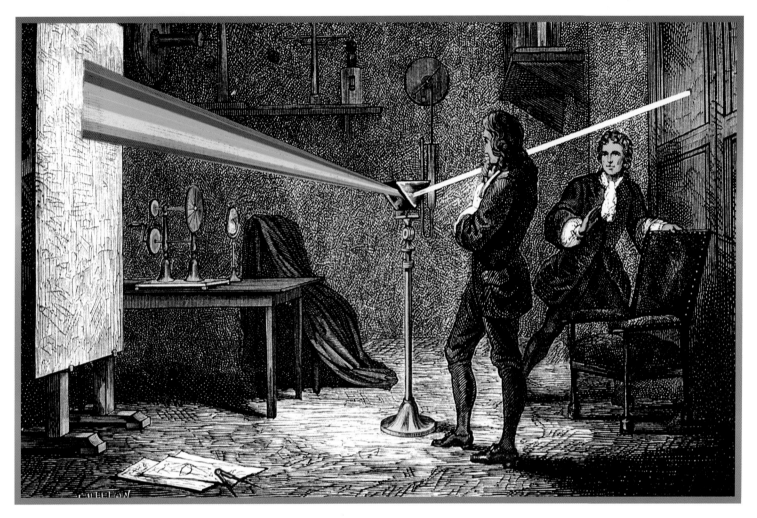

암실 창문에 **85cm** 너비의 둥근 구멍을 내고 유리 프리즘을 놓아두었다. 그러자 태양 광선의 빛줄기가 이 구멍을 통과하면서 암실 반대편 벽을 향해 위로 굴절되어 채색된 태양의 이미지가 형성되었다.

－아이작 뉴턴Issac Newton , 『광학』

수천 년 동안 많은 사람들이 우연이든 아니든 뉴턴의 이 작업에 대해 들어보았을 것이다. 바로 빛이 프리즘을 통과하여 비추는 표면에 무지개가 나타나는 현상이다. 하지만 여기서 뉴턴은 다른 사람들이 보지 못한 것을 보았다. 그는 이 현상을 통해 우리를 둘러싸고 있는 백색광에 실제로는 무지개와 같이 다양한 색이 포함되어 있을 것이라는 연역적인 추론을

했다. 흰색은 이러한 색으로부터 분리되어 독립적인 색이 될 수 없으며, 모든 색이 한꺼번에 반사된 결과물이라는 것이다. 하지만 이 반직관적이고 혁신적인 이론은 사람들에게 쉽게 받아들여지지 않았다. 우리가 언급했던 위대한 학자들 중 일부는 이 이론을 그저 막무가내로 반대하기도 했다. 괴테는 백색광에 모든 색이 포함되어 있다는 이론에 매우 언짢아하며 뉴턴의 실험을 시도해보는 것조차 거절했고 다른 사람들에게도 거절할 것을 권유했다.

뉴턴의 프리즘 뉴턴의 이러한 발견은 동시대 사람들이 받아들이기에 다소 무리가 있었지만 뉴턴은 쉽게 포기하지 않았다. 그는 프리즘을 통과하면서 굴절된 색이 다른 색으로 변화될 수 없다고 주장하면서 다음과 같은 실험을 했다. 우선 프리즘을 가져와 창문의 구멍으로부터 새어 나오

는 광선과 작은 구멍이 있는 판 사이에 놓았다. 판의 구멍은 굴절된 색 한 가지만 통과할 수 있을 정도로 작았다. 이 작은 구멍을 통과하는 빛 앞에 두 번째 프리즘을 비롯해 온갖 종류의 물체를 배치하여 작은 구멍을 통과하면서 굴절된 색을 변화시키고자 했다. 이 실험에 앞서 그는 빨간색 광선 앞에 파란색 유리 조각을 놓으면 빨간색이 다른 색으로 변형될 것이라고 확신했다. 하지만 실험 결과 그렇지 않다는 사실을 발견하게 되었다. 각 광선 앞에 어떤 형태나 색깔의 물질을 놓든지 간에 굴절된 색을 변화시킬 수 없었다. 그는 이 실험으로부터 그가 일명 '스펙트럼 색'이라고 부르는 특정 수의 색은 나뉠 수 없는 기본색이라는 사실을 유추해냈다.

뉴턴은 스펙트럼 색이 변경될 수 없다는 사실을 확인한 후 이러한 색들의 이름을 짓기로 했다. 바로 이때가 그의 방법론이 과학에서 공상으

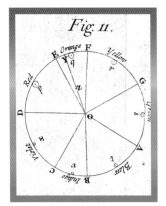

빨강, 주황, 노랑, 초록, 파랑, 남색, 보라
색이 포함된 뉴턴의 색상환

이러한 관계는 훗날 무지개와 음계를 비교한 근거에 대해 의문점을 제기하던 과학자들에 의해 수정되었지만 '빨주노초파남보'라는 용어는 오늘날에도 교육 현장에서 사용되고 있다. 비록 남색은 대부분의 사람들이 제대로 구분하지 못하지만 말이다.

엄밀히 말해 무지개의 색을 완벽하게 이름 짓기란 불가능한 일이다. 유치원생이 사인펜으로 그린 무지개 말고 실제 무지개를 한 번 살펴보자. 무지개의 색들이 서로 끊임없이 합쳐지는 것을 확인할 수 있다. 요컨대 무지개를 구성하는 색들이 시작되고 끝나는 지점을 판단하는 것조차 모두 자의적인 해석일 뿐이다. 뉴턴조차 이러한 지점에 대해서는 모호한 입장을 취했다. 그는 실험 초창기에 이 스펙트럼에 총 11개의 색을 포함시켰다. 그 수를 차츰 줄여나가 결국 7개로 만들었지만 여전히 주황과 남색은 덜 중요한 색으로 간주하면서 음계의 다른 마디에 있는 반음과 같다고 지칭했다.

무지개색의 이름을 짓는 데는 또 다른 문제가 있다. 색의 언어는 유동적이어서 그 시대나 지역의 문화에 대응하여 변화되는데, 이러한 문화는 종종 너무 복잡해서 정확하게 정의하기도 어렵다. 예를 들어, 뉴턴이 남

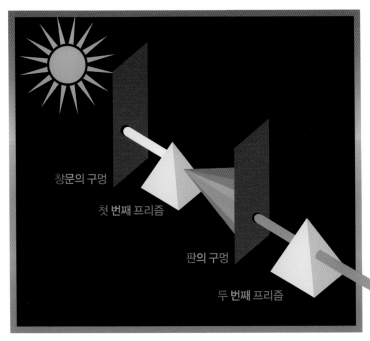

뉴턴의 실험

로 전환된 시점이다. 뉴턴은 무지개에 음계를 반영해야 한다는 아이디어에 착안하여 미학적인 관점에서 색상의 이름을 짓기로 결심한다. 음계는 총 7개이므로 뉴턴은 각각에 해당하는 7개의 색상을 만들었다. 흔히 말하는 ROYGBIV(빨주노초파남보)는 뉴턴의 7가지 스펙트럼 색상인 R(빨강), O(주황), Y(노랑), G(초록), B(파랑), I(남색), V(보라색)의 머리글자를 딴 것이다.

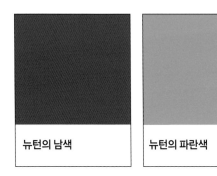

뉴턴의 남색   뉴턴의 파란색

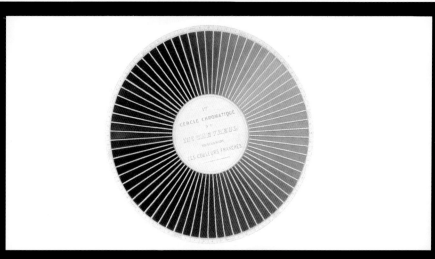

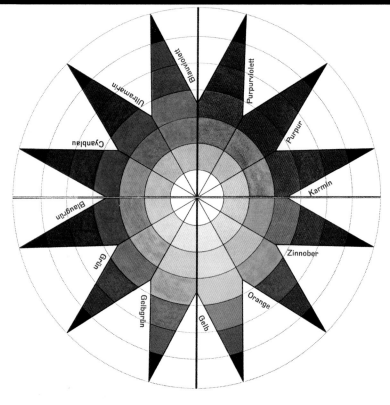

맨 위 : 미셸 외젠 슈브뢸Michel - Eugene Chevreul(1786 - 1889)은 72색상환72 - hue color circle을 개발한 프랑스 화학자다. 그는 아름다운 색상환을 만든 한편 동시대비와 색이 다른 색과 상호작용하는 방식에 대한 개념을 가장 잘 정립한 사람이기도 하다.

아래 : 요하네스 이텐Johannes Itten(1888-1967)은 스위스 인상파 화가이자 유명한 독일의 디자인 학교인 바우하우스Bauhaus의 회원이다. 그는 슈브뢸과 마찬가지로 동시대비에 매료되었으며 그의 전임자인 필립 오토 룽게의 작업을 기반으로 색상 별Color Star을 고안했다.

오른쪽 : 필립 오토 룽게Phillip Otto Runge(1777 - 1819)는 독일의 화가이자 색구color sphere 모델을 고안한 괴테와 동시대 인물이다. 룽게는 논리보다 직관을 중시하던 당시의 낭만주의 풍토에도 불구하고 흰색을 위축에, 검정을 아래 축에 배치하고 파랑, 빨강, 노랑을 세 가지 주요 색상(삼원색)으로 분류했다.

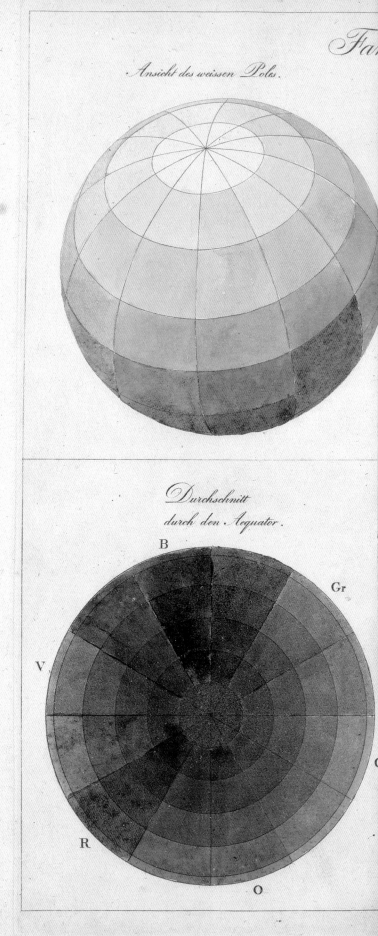

Farb...

Ansicht des weissen Poles.

Durchschnitt durch den Aequator.

B

Gr

V

R

O

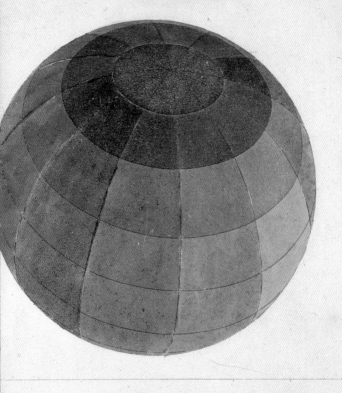

Ansicht des schwarzen Poles.

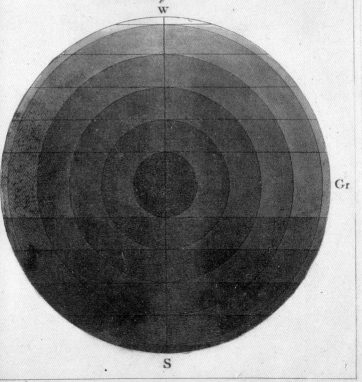

Durchschnitt durch die beyden Pole.

아래 : 앨버트 헨리 먼셀Albert Henry Munsell(1858–1918)은 미국 화가로 오늘날 색에 대해 학습하는 사람들에게 색상hue, 명도value, 채도chroma라는 색채 용어를 제공한 사람이다. 이 세 가지 특성을 바탕으로 그림에 나타난 고유한 3차원의 색체계가 만들어졌다. 하지만 오늘날 주로 사용되는 색체계는 1931년 국제 조명 위원회International Commission on Illumination, CIE에 의해 개발된 것이다.

맨 아래 : CIE는 최초의 색체계로, 인간의 뇌에서 실제로 색을 인식하는 방법을 고려했다. 여기서는 색상환과 색구의 개념을 제거하고 대신 광수용기(光受容器, 용체), 즉 빛에 반응하는 망막의 수용기 감응도를 기반으로 한 수학적 모델을 발전시켰다.

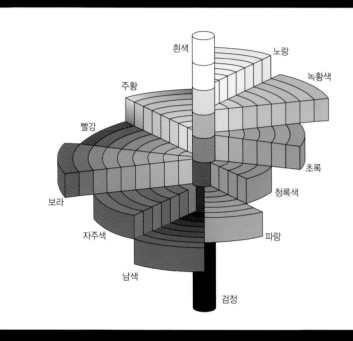

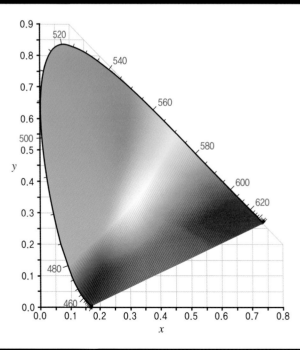

색이라고 지칭한 색은 대부분의 사람들이 올드 블루 또는 초록과 보라색 사이의 진한 파랑으로 알고 있는 색이다. 하지만 뉴턴의 파란색은 우리가 지금 청록색이라고 부르는 파랑과 초록 사이에 있는 연한 청색을 의미한다.

그렇다면 무지개의 마지막 색상은 왜 자주색이 아닌 보라색일까? 보라색은 푸르스름한 자주색으로 보이는 스펙트럼 색을 지칭하며 자주색은 스펙트럼 색이 아닌 빛의 혼합에 의해 생성된 색을 지칭한다.

색체계는 뉴턴 이전과 이후에 다양한 원색을 성문화했다. 기본적으로 색은 우리의 언어학적 또는 과학적 모델로서 상당히 중요한 의미를 지닌다. 오늘날 남색navy을 분류해보라고 한다면 아마 대부분의 사람이 진한 파랑이라고 말할 것이다. 역사를 통틀어 원색에 대한 우리의 문화적인 이해는 순수한 흑백—여기서는 색상의 밝기 또는 어둡기로 단순하게 구분했다.—에서 열두 가지 색상으로 구성된 체계로, 여기에 빨강, 노랑, 파랑, 초록이 혼합되고 경우에 따라 주황, 보라/자주색이 군림하는 체계까지 급격하게 바뀌어왔다.

현재 우리는 빨강, 주황, 노랑, 초록, 파랑, 보라를 원색으로 간주한다. 그리고 이러한 기본색을 색상hue이라고 부른다. 색상은 명도(색의 밝기)와 채도(색의 맑고 탁함)의 차이가 있을지언정 색을 구분하는 데 필수적이다.

단, 뉴턴의 스펙트럼 색상의 가짓수가 몇이든 우리가 지금까지 배워온 혼합될 수 없는 가장 기초적인 원색(예: 빨강, 파랑, 노랑)이나 2차색(예: 주황, 초록, 자주)으로 알려진 색조의 등급을 혼동해서는 안 된다. 2차색은 원색을 혼합하여 나온 결과물로, 빨강과 노랑을 섞으면 주황, 빨강과 파랑을 섞으면 보라, 파랑과 노랑을 섞으면 초록이 된다. 따라서 기초 색상이 될 수 없다. 하지만 뉴턴의 발견에 따르면 주황, 초록, 보라—이때 보라는 자주색과 다르다.—는 분광될 수 있으므로 우리가 원색이라고 부르는 색처럼 기초적인 색이 될 수 있다. 예를 들어, 주황은 빛을 혼합한 결과물이지만 동시에 순색일 수 있다. 이러한 원리는 우리가 원색이라고 부르는 빨강, 파랑, 노랑에도 동일하게 적용된다. 따라서 빛을 혼합한 색과 빛이 프리즘을 통과하는 스펙트럼 색을 구분하게 된다. 가령 주황색 빛은 프리즘을 통과하면서 그 구성요소로 잘게 나뉘는 혼합체이지만 순수한 주황색 빛은 그렇지 않다.

그 후 얼마 지나지 않아 뉴턴은 새로운 사실을 발견하게 된다. 바로 빨간색 빛은 프리즘을 통과할 때 약간만 굴절하는 반면 보라색 빛은 더 많이 굴절한다는 것이다. 뉴턴은 이 흥미로운 관찰을 통해 각각의 색상이 고유한 기본 요소로 구성되어 있다고 믿게 되었다. 빨강을 빨간색답게

만드는 요소와 보라를 보라색답게 만드는 요소는 전혀 다르다는 것이다. 이렇듯 그는 제대로 된 방향을 잡았지만 이를 바탕으로 빛이 일종의 에테르를 통과하여 직선으로 이동하는 입자로 구성되어 있다는 잘못된 가설을 수립했다. 비록 이러한 그의 '입자설'이 한동안 널리 수용되긴 했지만 말이다.

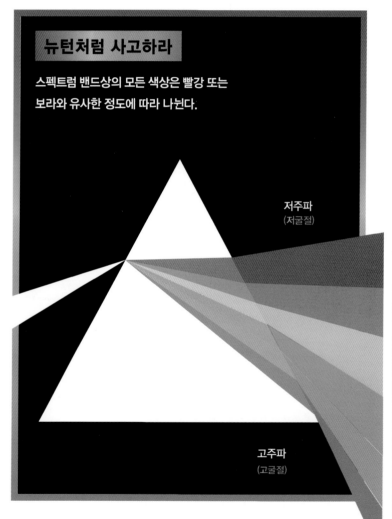

뉴턴처럼 사고하라

스펙트럼 밴드상의 모든 색상은 빨강 또는 보라와 유사한 정도에 따라 나뉜다.

저주파
(저굴절)

고주파
(고굴절)

그 후 시간을 건너뛰어 19세기 초에는 토머스 영Thomas Young이라는 한 영국인 과학자가 일부 뉴턴 시대 사람들이 제시한 개념을 재고하게 되었다. 다만 뉴턴은 빛이 입자라고 생각한 데 반해, 영은 자신의 실험을 통해 빛이 소리와 같은 일종의 파동이라는 결론에 이르렀다. 그로부터 반세기가 지난 후에는 덕망 높은 제임스 클라크 맥스웰James Clerk Maxwell이 영의 작업을 이어받아 도약하게 된다.

제임스 클라크 맥스웰과 전자기학　제임스 클라크 맥스웰이 나타나기 전까지, 사람들은 전기와 자기(磁氣)가 아무런 상관이 없는 별도의 힘이라고 믿어왔다. 하지만 맥스웰은 이 두 가지 힘이 밀접하게 연관되어 있다는 사실을 발견하고 이러한 상호 연결 관계를 전자기학이라고 명명했다. 맥스웰은 입자들이 서로를 끌어당기거나 밀어내는 방법과 함께 이러한 입자들이 공간을 이동하면서 어떻게 파동처럼 움직이는지에 대해 설명했다.

이 주제와 관련된 맥스웰의 논문에서 특히 흥미로운 부분은 특정 전자파 그룹이 가시광선, 다시 말해 색상의 원인이 된다는 사실을 보여준 것이다. 그는 현재 우리가 자외선, 전파, X선, 마이크로파 등으로 알고 있는 기타 몇 가지 전자파 그룹을 발견하기도 했다. 이 모든 전자파가 전자기 스펙트럼에 속하는 것으로, 각각은 서로 반비례하는 길이와 진동수로 측정되고 정의된다. 이와 마찬가지로 색상도 전자기 스펙트럼의 마이크로파, 전파, 기타 파장처럼 서로 다른 길이와 진동수를 지녔지만 인간의 눈—정확히 말하자면 뇌—에서 이들을 색으로 인식할 수 있다는 것 외에는 이러한 유형의 파장들과 가시광선을 구분할 만한 본질적인 특성이 존재하지 않는다.

길이와 진동수에 대한 이해를 돕기 위해 다음과 같은 예시를 들어보겠

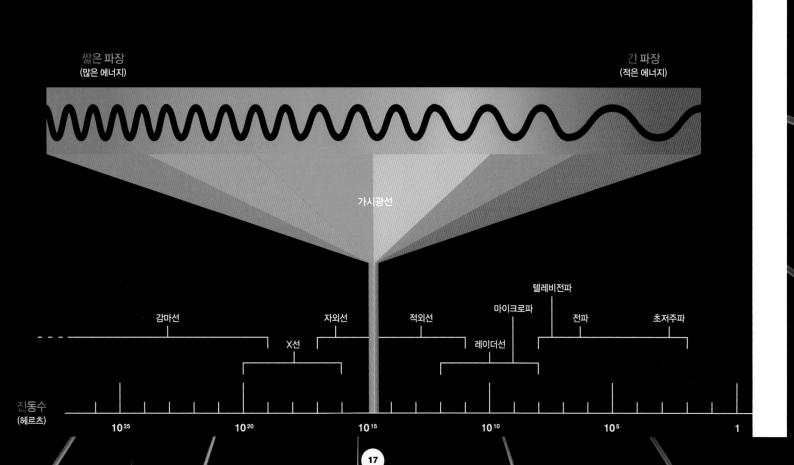

동일 파장에서

모든 전자기 방사선(전자기장을 통과하는 파장의 이동을 일컫는 말)은 진공 상태에서 빛의 속도로 알려진 초당 299,791킬로미터의 엄청난 속도로 이동한다. 아래 그림에 표시된 대로 가시 스펙트럼은 전자기 스펙트럼의 지극히 좁은 밴드에 해당한다.

짧은 파장
(많은 에너지)

긴 파장
(적은 에너지)

가시광선

감마선　　자외선　　적외선　　텔레비전파　　마이크로파　　전파　　초저주파

X선　　레이더선

진동수
(헤르츠)　　10^{25}　　10^{20}　　10^{15}　　10^{10}　　10^{5}　　1

다. 당신이 줄넘기의 한쪽 끝을 잡고 다른 한 명이 거리를 두고 나머지 한쪽 끝을 잡고 있다고 상상해보라. 그 상태에서 손을 위아래로 천천히 움직이면 줄넘기의 가운데 부분에서 커다란 호 또는 파동이 생겨난다. 손을 조금 더 빠르게 움직이면 하나의 큰 파도처럼 동일한 공간을 차지하는 여러 개의 파동이 만들어진다. 계속해서 손을 빠르게 움직이면 간격이 좀 더 촘촘한 여러 개의 파동이 생겨난다. 이때 파동 하나의 정점과 다른 파동의 정점 간의 거리가 바로 파장이다. 진동수는 초당 발생한 파동의 수를 말한다. 줄넘기를 통해 제시한 대로 파장이 짧을수록 파동의 진동수(또는 파도의 개수)가 늘어난다.

보라색은 380~450나노미터(1나노미터는 10억 분의 1미터)로 가시광선에서 파장이 가장 짧은 색이지만 고주파는 789~668THz(진동수의 단위인 테라헤르츠)에 달한다. 전자기 방사선의 스펙트럼은 자외선과 X선에 가장 가까운 파장이다. 빨강은 파장이 가장 길어서 620~740나노미터에 달하지만 가시광선의 진동수는 480~400THz로 가장 낮아 적외선과 마이크로파에 근접하다.

맥스웰이 가시광선이 전자기의 일부에 불과하다는 사실을 밝히자 나머지 수수께끼들도 풀리기 시작했다. 과학자인 막스 플랑크Max Planck는 빛이 파장에 불과하다는 맥스웰의 이론에 의문을 제기했다. 그는 실험을 통해 빛에 아직 파악할 수 없는 다른 차원이 존재한다고 지적했다. 이 분야의 진정한 대가인 알베르트 아인슈타인Albert Einstein 대에 이르러서는 빛이 파장일 뿐만 아니라 입자이기도 하다는 이론이 정착되었다.

이후 빛이 때때로 파도나 입자처럼 동작할 수 있다는 사실이 밝혀졌는데, 이것이 바로 파동 입자 이중성wave-particle duality of nature 현상으로 비록 상식에 반하지만 과학자들이 찾아낸 가장 그럴듯한 설명에 해당한다. 이 파동 입자 이중성은 양자역학으로 이어졌는데, 이 양자역학은 우리가 현재 알고 있는 우주의 기원과 원리에 직간접적으로 가장 큰 영향을 미친 물리학 분야에 해당한다.

진짜 원색 과학자들은 색의 물리적인 속성을 정의하는 것 외에도 인간이 색을 어떻게 인지하는지에 대해 질문하기 시작했다. 그렇다면 우리는 어떻게 색을 인지할 수 있는 것일까? 그리고 색을 인지하게 되는 원리는 무엇일까? 이에 답하려면 우리가 색에 대해 학습해온 것 중 대부분을 다시 살펴보아야 한다. 먼저 뉴턴이 프리즘을 통과시켰던 '흰색' 광선에 대해 생각해보자. 뉴턴이 내린 결론은 무지개의 모든 색이 합쳐져서 흰색이 된다는 것이었다. 하지만 팔레트에서 빨강, 주황, 노랑, 초록, 파랑, 보라색 물감을 섞어보면 절대 흰색이 만들어지지 않는다. 바로 이 점이

괴테가 뉴턴의 이론에 대해 지극히 회의적인 입장을 보인 이유이기도 하다. 그는 화가들이 팔레트에서 여러 가지 물감을 섞어 흰색을 내는 것을 본 적이 없다.

문제는 뉴턴이 물감이 아니라 빛에 대해 말했다는 점이다. 실제로 빛은 전혀 다른 방식으로 혼합된다. 빛을 섞는 것은 가색additive color(加色)의 영역에 속해서 파장이 서로 다른 빛을 섞었을 때 물감처럼 혼탁한 색이 나오거나 예상한 색이 만들어지지 않는다. 가색은 물감과 다른 방식으로 작동하기 때문이다. 실제로 무지개의 모든 색은 빛의 세 가지 색, 즉 빨강, 초록, 파랑만 섞어서 만들 수 있다. 초록이라니, 이상하지 않은가?

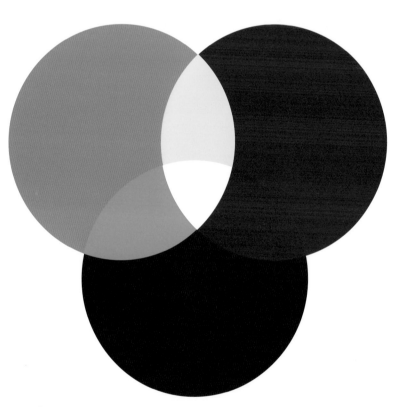

가색 혼합법에서는 빨강 + 초록 = 노랑, 빨강 + 파랑 = 자홍색, 파랑 + 초록 = 청록색, 빨강 + 초록 + 파랑 = 흰색이 된다.

이는 우리가 학교에서 배워 알고 있는 일명 빨강, 파랑, 노랑의 삼원색—이론적으로 다른 모든 색과 혼합할 수 있는 색—과는 전혀 다르다. 젊은 화가들의 입장에서 빨강, 초록, 파랑의 새로운 삼원색은 말이 안 되는 것이었다. 물감을 섞어본 적이 있는 사람이라면 누구나 이 색들로 노랑을 만들 수 없다는 사실을 알고 있다. 하지만 인간의 눈에 빨강과 초록

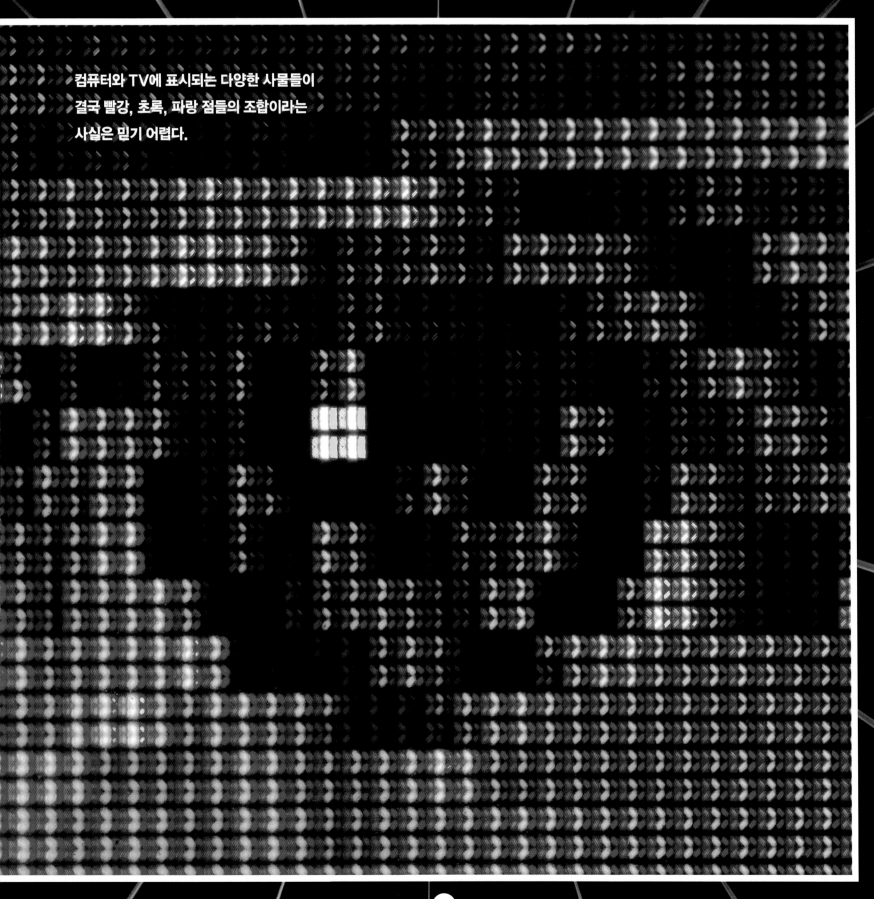

컴퓨터와 TV에 표시되는 다양한 사물들이
결국 빨강, 초록, 파랑 점들의 조합이라는
사실은 믿기 어렵다.

으로 보이는 빛을 섞으면 실제로 노란색 빛이 생성된다.

아마 여러분은 이러한 기본 삼원색을 생각보다 많이 접해보았을 것이다. 일례로 컴퓨터 모니터의 RGB(빨강, 초록, 파랑) 색 모드를 들 수 있다. 물론 화면에는 다양한 색상으로 표시되지만 옛날 컴퓨터에서 픽셀을 표시한 채 자세히 들여다보면 화면 전체가 빨강, 초록, 파랑의 점들로 이루어져 있는 것을 발견하게 된다. 이 사실은 오늘날의 컴퓨터에도 동일하게 적용된다. 다만 이러한 점들을 좀 더 알아보기 힘들 뿐이다. 화면에 돋보기를 갖다 대면 자홍색 형태, 호박밭, 무딘 갈색 토끼 등이 모두 이러한 빨강, 초록, 파란색 점으로 구성되어 있다는 것을 알게 된다. 흰색 화면은 이 세 가지 색상에 조명을 최대 강도로 비춘 결과물이며 검은색 화면은 색이 아무것도 없는 것이다.

텔레비전과 카메라도 극장 조명과 마찬가지로 RGB 색 모델을 사용한

제임스 클라크 맥스웰은 1861년에 이 첫 번째 컬러 사진을 만들었다.

다. 첫 번째 컬러 사진—1861년 제임스 클라크 맥스웰이 이룬 위대한 업적—은 사진의 적색 필터, 녹색 필터, 그리고 파란색 필터 원판을 서로 겹쳐놓은 결과물이다. 여기에 다시 한 번 색을 추가하면 무지개의 모든 색이 만들어지는 가색이라는 용어의 논리적인 근거를 확인할 수 있다.

그렇다면 왜 빨강, 초록, 파랑뿐인 것일까? 이 세 가지 색은 얼마나 중요할까? 19세기 초반, 토머스 영(빛의 파장 이론을 제시한 물리학자)은 그 이유를 알고자 했으며 인간의 눈을 연구한 학문에서 답을 찾아냈다.

뇌에서 인식하는 색　색에 관해 반복적으로 적용되는 한 가지 이론이 있다면 그것은 바로 우리가 색을 볼 때에야 비로소 빛의 파장이 색으로 존재하게 된다는 것이다. 눈과 뇌가 없다면 색도 인식할 수 없을 테니까. 빛의 파동은 우리의 눈을 거쳐 뇌에서 '파란 하늘, 푸른 잔디, 빨간 장미'라고 선언하는 시점까지는 무색에 해당한다. 이러한 개체들에 본질적으로 색깔이 내재되어 있는 것은 아니기 때문이다. 그래서 몇몇 사람들을 포함한 대다수의 동물들은 하늘이나 잔디, 장미를 보더라도 색을 인식하지 못한다.

그런데 우리가 인식하기 전에는 색이 존재하지 않는다는 것을 인정하기는 쉽지 않다. 너무도 냉정하고 엄중한 현실처럼 보이기 때문이다. 실제로 과학자들조차 뇌와 색 사이의 관계를 고려하기까지 상당한 시간이 소요되었다. 아리스토텔레스는 기원전 4세기경에 이미 색의 개념에 대해 상당한 진전을 보인 바 있지만, 색이 물체의 표면에 본질적으로 내재되어 있다고 믿었다. 또한 뉴턴은 이 문제에 대해 인간의 지각적인 측면을 다룬 적이 없다.

결론적으로 우리를 둘러싸고 있는 모든 색은 뇌의 해석이라고 할 수 있다. 우리가 주위 환경을 바라볼 때 빛이 눈동자로 들어가 수정체를 거치고 이때 망막에 물체의 상이 맺힌다. 망막 내부에 있는 광수용체 광각은 다양한 파장을 지녔으며 이것이 바로 우리가 어떤 색을 얼마나 많이 보느냐를 결정하는 핵심 요소에 해당한다.

망막에는 세 가지 유형의 원추형 색 인식 광수용체세포photoreceptor cell가 있다. 빛이 눈에 닿아 이러한 원추로 이동할 때까지 색은 그저 순수한 물리학적 현상인 감각에 불과하다. 음파가 귀로 들어온 다음 특정 유형의 소리로 분류되기 전에는 그저 귀에 닿는 감각에 불과한 것과 마찬가지의 원리다. 원추 세포가 작동하면 색이 감지되기 시작한다. 감지는 뇌의 고차원적인 처리 중추에서 감각이 제공하는 정보를 필터링하고 해석함으로써 이루어진다.

신경 구조

빛이 망막으로 들어오면 추상체cone와 간상체rod에서 뇌로 메시지를
전달하여 궁극적으로 색이나 회색 음영을 인지하게 된다.

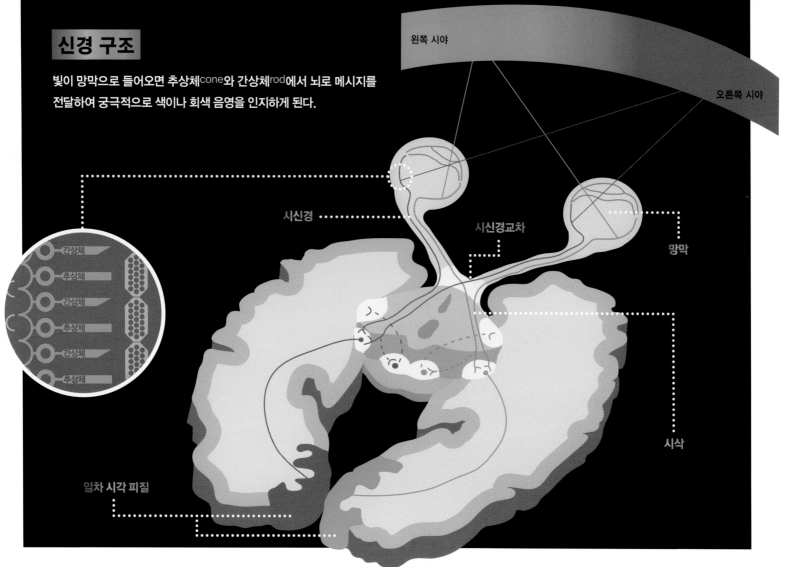

왼쪽 시야

오른쪽 시야

시신경

시신경교차

망막

시삭

일차 시각 피질

간상체
추상체
간상체
추상체
간상체
추상체

위 그림에서는 이러한 절차가 어떻게 진행되는지 자세히 보여준다. 빛이 망막에 닿으면 간상체(희미한 빛을 인지하는 광수용체세포)와 추상체(색을 인지하는 광수용체세포)로부터 두 가지 종류의 신경 신호가 생성된다. 이러한 신호는 눈을 떠나 시신경을 통해 시신경교차라는 일종의 뇌의 신경 교차부위로 이동한다. 여기에서 신경 신호가 분할되는데, 양쪽 눈에서 발생한 신호는 시삭optic tract이라는 출삭돌기 그룹을 따라 각각 뇌의 반대쪽으로 전달된다. 왼쪽 시야(각 안구의 왼쪽)의 정보는 오른쪽 뇌로, 오른쪽 시야의 정보는 왼쪽 뇌로 이동한다. 그런 다음 데이터가 시상thalamus(감각 정보를 처리하는 중앙핵) 외측면의 특정 영역으로 연결되고 후두엽, 즉 일차 시각 피질로 전달된다. 여기까지는 데이터가 매우 효율적인 방식으로 처리된다. 보다 복잡한 연계가 시작되는 것은 후두엽에

인접한 영역이 작동을 개시하는 시점부터다. 여기서는 단순히 붉은 미사 ― 사제가 붉은색 옷을 입고 진행하는 미사 ― 를 인지하는 수준을 넘어 세부적인 사항, 예를 들어 붉은 대형 소파, 검붉은 베개, 푸르스름한 얼룩 등을 추가한다.

빛에 의해 활성화되는 추상체의 종류와 활성화 정도는 우리가 어떤 색을 보게 될지를 결정한다. 어떤 추상체는 단파장(파란색과 보라색을 지각)을 감지하고 다른 추상체는 중파장(초록색과 노란색을 지각)을 감지하며 또 다른 추상체는 장파장(빨간색, 주황색, 노란색을 인지)을 감지한다. 추상체 자체는 일반적으로 '빨강', '초록', '파랑'으로 불리는데, 이러한 색이 가색 모델에서 발견되는 기본 삼원색과 일치하는 것은 결코 우연이 아니다.

뇌에서는 이러한 각 추상체 유형별로 발생하는 활동을 종합하여 우리

가 감지할 수 있는 가장 어두운색부터 밝은색에 이르는 천만 개의 색상을 인지할 수 있다. 비록 토머스 영은 이러한 일들이 어떻게 발생하는지 정확하게 추론하지는 못했지만 인체에는 세 가지 종류의 수용기(감각기)가 있으며 이들이 빨강, 초록, 파랑 빛을 감지한다는 핵심적인 사실을 발견했다.

더하기에서 빼기까지 그렇다면 왜 소파는 빨갛고 하늘은 푸르며 풀은 파랄까? 빛이 물체에 닿기 전에 우리가 색상을 인지하는 방식은 그 빛이 태양에서 비롯되었든, 아니면 전구나 컴퓨터 모니터에서 비롯되었든 전부 가색의 영역에 해당한다. 하지만 일단 빛이 지금 앉아 있는 소파나 방 안의 페인트, 이 책의 페이지와 같은 물체에 닿으면 감색subtractive color(減色)의 영역으로 전환된다. 이 감색에 대해 설명하려면, 즉 정확히 무엇을 떼어내는지 이해하려면 물리학이 아닌 화학적인 측면에서 바라보아야 한다.

18페이지에서 서로 교차하는 원을 살펴보면 원이 겹쳐지는 위치에 세

감색법에서는 자홍색 + 청록색 = 파랑, 청록색 + 노랑 = 초록, 노랑 + 자홍색 = 빨강, 빨강 + 초록 + 파랑 = 검정이 된다. 원이 겹쳐지는 지점에서는 가색의 기본 색상을 발견할 수 있다.

가지 색, 즉 노랑, 청록색, 자홍색을 발견하게 된다.

이러한 색상, 즉 노랑, 청록색, 자홍색은 바로 프린터에 장착하는 잉크 색상에 해당한다. 프린터의 '인쇄물'에 의해 입증된 대로 카트리지의 잉크는 서로 혼합되어 무지개에 있는 모든 색상을 만들어낼 수 있다. 이 세 가지 색상은 가색의 영역에서는 부차적인 색에 해당하지만 감색의 영역에서는 기본 색상으로 간주된다. 이들 자홍색, 청록색, 노란색 색소는 페인트 창고에 있는 모든 색을 포함하여 주변의 물체에서 다양한 색을 볼 수 있는 이유가 된다.

자홍색, 청록, 노랑이 물감을 섞을 때 기본 색상으로 사용되는 빨강, 노랑, 파랑과 지나치게 비슷하다고 생각할 수 있다. 맞는 말이다. 안타깝게도 그동안 선생님들이 잘못 가르쳐 온 것이다. 그동안 전 세계의 미술 선생님들과 예술가들은 1세기에 개발되고 18세기에 야콥 크리스토프 르 블롱Jacob Christoph Le Blon(빨강, 노랑, 파랑의 3색 인쇄 처리 기법을 고안한 독일의 화가이자 조각가)에 의해 성문화된 색상 모델을 따라왔다. 르 블롱의 컬러프린트는 아름다웠지만 더 많은 색상을 성공적으로 재생할 수는 없었다. 그의 잔재는 오늘날에도 남아 있는데, 가령 의기소침한 초등학생이 밝은 녹색과 자주색 또는 주황색을 파랑, 빨강, 노랑의 표준 템페라 물감과 제대로 섞지 못하는 예가 그러하다. 이 기념비적인 발견은 기본적으로 이런저런 색 혼합을 통해 만들어지는 소위 보색 또는 반대색이라고 말하는 색에도 영향을 미친다. 우리는 흔히 빨강과 초록, 파랑과 주황, 노랑과 자주색이 서로 보색이라고 알고 있지만 감색 또는 가색 기본 원리를 엄격하게 적용해야 보다 정확한 모델을 찾을 수 있다. 그러면 빨강이 청록의 보색이고 파랑은 노랑, 초록은 자홍색의 보색이 된다.

그렇긴 하지만 감색 이론에서 진짜 골칫거리는 우리가 볼 때 그 이론이 전혀 말이 되지 않는다는 것이다. 솔직히 말해서 감색 이론에 따르면 우리가 보고 있는 것은 실제로 존재하지 않는다.

대부분의 물질에서는 물질이 가시 스펙트럼의 특정 파장을 흡수 또는 제거하고 나머지 파장은 반사한다. 빨간색 소파를 예로 들어보자. '빨간색' 직물은 가시 스펙트럼에서 빨강을 제외한 모든 색을 흡수한 다음 보는 사람을 향해 우리가 붉은빛으로 인식하는 파장, 즉 흡수되지 않은 파장을 반사한다. 파장이 물질로부터 나와 우리 눈으로 반사되면 다시 가색 모델이 작동하여 가색 모델 규칙에 따라 빛이 혼합된다.

우리가 실제로는 순색을 거의 인식할 수 없다는 점도 우리를 더욱 혼란스럽게 만든다. 빨간색 직물은 가시 스펙트럼에 있는 모든 색을 추적할 수 있을 만큼 반사성이 좋다. 비록 우리가 그 색을 인지할 수는 없지만 말이다. 바로 이것이 우리가 그토록 많은 색을 볼 수 있는 이유다. 가시

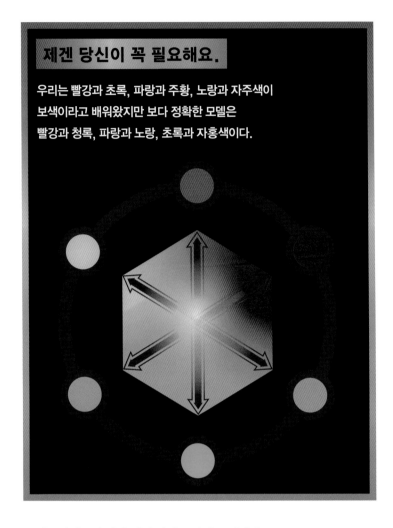

로 반사되므로 농암회색으로 인지된다. 파장의 20%가 흡수된 경우에는 파장의 대부분이 반사되어 옅은 회백색으로 인지된다.

그렇다면 갈색은 어떠한가? 대부분은 갈색이 검정, 흰색, 회색과 같은 중간색이라고 생각하지만 실제로는 주황색의 일종이라고 할 수 있다. 이렇듯 우리를 둘러싸고 있는 대부분의 색은 순색이 아니다. 어두운색에서 밝은색으로, 칙칙한 색에서 환한 색으로 변이함에 따라 각 색조 내에도 셀 수 없이 많은 단계적인 변화가 존재한다. 예를 들어, 순수한 주황색에서 색을 어둡게 해서 명도 값을 조정하고 색을 희미하게 하여 채도 값을 조정하면 갈색을 얻게 된다.

자홍색의 특수 사례 가시광선 스펙트럼의 양쪽 끝은 각각 빨간색과 보라색이 차지한다. 이 두 색의 중간색을 찾아보라 하면 누군가는 자홍색을 떠올릴 것이다. 그러나 실제로 자홍색은 스펙트럼상에 존재하지 않는 색이다. 가장 파장이 긴 빨간색과 가장 짧은 보라색 사이에 걸쳐 있는 파장은 없다. 물리학의 원칙을 살펴봐도 자홍색 스펙트럼을 보는 것은 불가능하다. 다시 말해 자홍색은 파장을 혼합한 결과물이 아니다.

우리가 자주색이라고 일컫는 색은 빨강과 파랑 또는 보라색 파장이 혼합된 흔치 않은 결과물이다. 특히 후자인 빨강과 보라의 혼합은 매우 드물며 인간의 눈으로는 쉽게 감지할 수 없다. 물체를 자주색으로 감지하는 방법은 녹색의 단파장을 흡수하고 나머지 빨강과 파랑, 또는 빨강과 보라색 파장을 망막으로 다시 반사하는 경우뿐이다. 이런 이유로 합성물감이 발견되기 전에는 자주색이 매우 귀한 것으로 여겨졌다.

색의 화학적 성질 대부분의 물체에서는 물질의 화학적 구성, 특히 탄소, 산소, 수소 등과 같은 성분의 특정 조합에 의해 어떤 파장을 흡수할지 아니면 반사할지가 정해진다. 모든 색에 특정 파장과 진동수가 존재하듯 이러한 모든 파장과 진동수에는 그에 해당하는 일정량의 에너지가 있다. 물질을 구성하는 분자의 전자electron에는 다양한 에너지 준위(準位)―양자역학계(원자, 분자)의 정상상태인 에너지의 값 혹은 그 에너지를 갖는 정상상태―가 포함되는데, 이러한 에너지 준위 간의 차이가 빛의 다양한 파장에 해당한다. 바꿔 말하면, 빛은 물질이 아니며 파장의 형태로 물질을 통과하는 에너지 이동의 결과물이라고 할 수 있다.

고등학교 시절의 물리학을 떠올려보면 쉽게 이해할 수 있다. 전자가 원자핵의 궤도를 도는 방식을 생각해보라. 마치 행성이 태양의 주위를 도는 것과 비슷하지 않은가? 아주 정확한 비유라고 할 수는 없지만 이러한 각각의 궤도에 뚜렷이 다른 에너지 준위가 있다고 생각해보라. 전자

스펙트럼에는 수백만 개의 파장 조합이 존재한다.

흑과 백: 전혀 특별하지 않은 색 이야기 그렇다면 검정과 흰색은 이러한 조합에 어떤 영향을 미칠까? 뉴턴의 발견에 따르면 감색 영역에서 흰색은 그저 한 가지 색상이 아니라 스펙트럼상의 모든 색을 동시에 섞은 결과물이다. 반대로 검정은 우주 공간처럼 빛이 전혀 없는 상태를 말한다. 감색법에 따르면 흰색은 물체에서 빛이 모두 반사될 때 감지되며 검정은 물체에서 모든 빛을 흡수할 때 감지된다. 이제 회색에 대해 생각해보라. 논리적으로 보면 회색은 검정과 흰색, 즉 색의 부재와 모든 색이 존재하는 것 사이의 어디쯤에 있는 색으로 생각될 것이다. 빛의 모든 파장이 동일한 정도로 흡수 및 반사된 경우를 제외하면 맞는 말이다. 감색의 경우 투영된 파장의 80%가 회색 물체로 흡수되어 빛의 파장 중 극소량이 눈으

가 하나의 궤도에서 다른 궤도로 이동하려면 일정한 양의 에너지를 흡수하거나 방출해야 한다. 파란색은 가시 스펙트럼에서 고에너지 말단에 있으며 빨간색은 그 반대로 저에너지 말단에 위치한다. 투명한 수정 결정체와 같은 무색 물질에는 전자기 스펙트럼의 다른 부분에서 가시광선 스펙트럼 너머에 극소량에 해당하는 에너지의 틈이 있다. 망막에는 이러한 형태의 전자기 방사선을 감지하는 광수용체가 없기 때문에 색이 없는 것으로 인지하는 것이다.

물체의 고유한 색으로 인지되는 것 또한 자연 광원에 따라 달라진다. 이는 광원이 달라지면 물체에 부딪히는 파장의 수와 비율도 달라지기 때문이다. 가령 태양, 불, 백열등(유선 필라멘트가 있는 구식 유리 전구)과 같은 광원은 열 또는 열복사를 통해 빛을 방출한다. 이러한 빛에는 광범위한 에너지 진동수 및 파장, 즉 광범위한 빛의 스펙트럼이 포함되어 있다. 그 결과, 불협화음이 일어나 부딪힌 물체에서 더 많은 색을 반사하여 밝고 선명해 보이게 되는 것이다.

형광등, 컴퓨터 화면, LED에서 방출되는 빛의 생성 방식은 서로 다르다. 단, 이러한 형태의 빛은 진동수가 훨씬 적으므로 물체에서 눈으로 더 적은 수의 파장을 반사하여 더 옅은 색을 생성한다는 공통점이 있다. 그래서 햇빛 아래서는 안색이 밝아 보이는 사람도 형광등 아래에서는 훨씬 칙칙하게 보이는 것이다. 전 세계의 사무직 종사자들에게는 유감스러운 일이겠지만 말이다.

그런데 광원이 변해도 물체에서 일반적으로 흡수하거나 반사하지 않는 특정 파장이 있다. 바로 빨간색이다. 실제로 빨강 소파는 빨간색 이외의 색은 모조리 흡수하고 반사할 수 있는 붉은빛이 조금이라도 존재하는 한 항상 빨간색을 반사한다. 이렇듯 물체의 화학적 구성—염료 또는 물감 및 물체 자체를 포함—은 대체로 변하지 않으며 이러한 구성이 어떤 파장을 흡수하거나 반사할지 여부를 결정한다. 그 이유는 무엇일까? 바로 대기상태가 물체의 화학적 조성을 변경시킬 수 있기 때문이다. 햇빛 아래에서 천의 색이 바래는 것을 생각해보라. 색이 바래는 것은 화학적 변화로 인해 어떤 파장을 흡수하거나 반사할지 여부가 변경되었기 때문이다.

조건 등색 일치 빛의 상태가 달라지면 색을 일치시키기가 어려워질 수 있다. 특히 어떤 환경에서 특정 색으로 인식한 물체를 환경이 다른 곳으로 가져오는 경우가 그러하다. 예를 들어 양탄자 가게의 형광등 아래에서 집에 있는 소파 색과 완벽하게 일치했던 직물 견본이 거실의 백열등

백열등 아래에서 찍은 왼쪽의 천은 형광등 아래에서 찍은 오른쪽의 천보다 훨씬 밝아 보인다.

아래에서는 그다지 비슷해 보이지 않을 수도 있다.

물론 광원 외에도 차별화 요소는 더 있다. 양탄자와 소파가 정확히 같은 재료로 만들어졌다면 위의 두 광원에서도 일치할 수 있다. 하지만 이 두 재료가 서로 다를 경우에는 동일한 염료나 물감을 사용했더라도 빛을 다르게 흡수할 것이다.

다행히 실내 디자이너나 전문 구매자를 위해 마련된 정밀한 측정 장비와 복잡한 수학 공식을 이용하면서 이러한 차이가 줄어들었다. 실제로 조건 등색metamerism[條件等色, 빛의 스펙트럼 상태가 서로 다른 두 개의 색자극(色刺戟)이 특정한 조건에서 같은 색으로 보이는 경우]이라는 고급 일치 절차를 통해 이러한 작업이 가능하다. 조건 등색은 자동차부터 의류, 인쇄에 이르기까지 산업 유형에 관계없이 모든 종류의 제품에 사용되는데, 덕분에 계기판, 가죽 시트, 핸들 등이 빛의 상태에 상관없이 그 미적 완전성을 유지할 수 있는 것이다.

색 게임 뉴턴, 맥스웰, 영 또는 아인슈타인은 소파의 빨간색이 그 위에 놓인 장식용 쿠션의 색에 따라 달라 보이는 이유를 제대로 설명하지 못했다. 이 수수께끼는 신경과학자들에 의해 밝혀졌는데, 이들은 이러한 차이가 뇌 수준에서 이루어지는 일련의 복잡한 처리 절차로 도출되었다는 결론을 내렸다. 이는 우리가 가진 현실이라는 개념에 대한 놀라운 도전이었다.

인간의 뇌는 끊임없이 정보를 수집하고 이를 기반으로 상황을 해석한다. 이렇게 수집되는 정보의 양이 너무 방대하므로 뇌는 수집한 정보를

분류 격리함으로써 과부하되지 않도록 한다. 또한 인식의 늪에 지나치게 깊이 빠지지 않도록 '논리적' 결론을 내림으로써 빈틈을 메우려는 경향이 있다. 이러한 소설가적인 경향은 뇌가 수행하는 엄청난 노력에서 가장 중요한 부분으로, 서로 다른 수백 가지의 감각적 자극으로 말미암아 뇌가 정지되지 않도록 막아준다.

이렇듯 색은 한 물체가 지닌 화학적 성질이 인간의 망막추상체와 결합하여 감지되는 것이며 그 자체로 고정되어 있지는 않다. 그래서 색은 경우에 따라 전자기 스펙트럼의 왼쪽에 가깝게 보이거나 오른쪽에 가깝게 보이는 등 끊임없이 변화한다. 심지어는 색이 없는 것처럼 보이기도 한다.

다채로운 후광　아래의 파란색 선을 살펴보자. 이 실험은 심리학자 한스 발라흐Hans Wallach가 고안한 것인데 파란색 선 사이에 흰색이 보일 것이다.

다음 그림에서는 파란색 선의 양쪽에 검은색 선을 추가했다. 검은색 선 안에 있는 파란색 선을 응시해보라.

검은색 선 사이로 파란색 '후광' 또는 파란색 벌레처럼 보이는 그림자가 나타날 것이다. 놀랍게도 이 그림에 사용된 파란색 패턴은 첫 번째 그림에 사용된 것과 전혀 다르지 않다는 것이다. 우리의 뇌가 이 벌레처럼 보이는 파란색 후광을 만들어낸 것이다. 반면 색을 측정하는 기계에서는 이 그림을 그저 사이에 흰색이 있는 파란색 선들로 기록했다.

이 그림을 15초간 응시하면 사물이 좀 더 흔들리기 시작한다. 파란색 위아래의 검은색 선이 서로 연결되려는 것처럼 보이고 파란색 벌레가 검은색 선 위에 앉아 있는 것처럼 보이기 시작한다.

심리학자 크리스토프 레디스Christoph Redies와 로타 스필만Lothar Spillman이 고안한 또 다른 색 후광 현상을 살펴보자. 이들은 뇌의 추정 성향에 대해 보다 훌륭한 설명을 제시했다.

아래와 같이 4개의 빨간색 선을 그려보자.

그런 다음 동일한 빨간색 선을 그린 후 아래와 같이 선 양쪽 끝에 검은색 선을 그려보자.

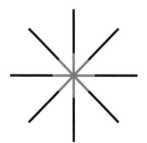

그림에서 검은색 선 가운데 부분에 있는 빨간색 원을 살펴보자. 좀 더 오래 응시하면 검은색 선들이 원을 가로질러 서로 연결되려는 것처럼 보일 것이다.

동시대비

> 동시대비는 그저 신기한 광학적 현상이 아니라 회화의 핵심이다. 서로 인접해 있는 색을 사용하여 반복적으로 실험한 결과 기본색에서 그 색의 특징을 띠는 색조가 빠지고 인접한 색이 서로에게 영향을 미친다.
>
> —요제프 알베르스Josef Albers

색은 우리의 뇌를 통해 해석되므로 단색은 인접한 색상에 따라 변화한다. 파란색 옆에 있는 빨간색은 주황색 옆에 있을 때와 사뭇 다르게 보일 것이다. 이 현상은 흔히 동시대비로 알려져 있다.

동시대비가 어떻게 작동하는지 이해하기 위해 아래 그림에서 흰색과 검은색 이미지를 살펴보자. 이 이미지는 물리학자이자 화학자인 로버트 셰이플리Robert Shapely와 심리학자 제임스 고든James Gordon이 고안한 것이다.

위에 보이는 구의 위쪽과 아래쪽 부분을 자세히 들여다보라. 그러면 상단의 색이 하단의 색보다 옅은 회색처럼 보일 것이다. 하지만 사실 원 뒤쪽에 있는 사각형의 색은 그저 회색으로 약간의 변화를 준 것뿐이다. 상단의 회색이 더 어둡고 하단의 회색은 더 밝다. 동시대비는 구의 위쪽과 아래쪽 모서리가 배경색과 접해 있는 지점에서 가장 극명하게 드러난다.

그럼 이제 아래 그림에서 교차하는 선들을 살펴보자. 이 예제는 마이클 화이트Michael White가 고안했는데 오른쪽의 회색 선이 왼쪽에 있는 회색 선보다 밝아 보일 것이다. 물론 색 측정기로 보면 이 둘은 똑같은 색이다.

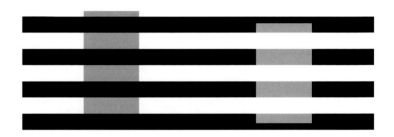

다음은 색과 동시대비에 대해 살펴보자. 아래의 사각형을 확인해보라.

왼쪽에 있는 빨간색이 오른쪽에 있는 빨간색보다 짙어 보일 것이다. 하지만 이 둘은 동일한 색이다. 아래의 녹색 사각형도 마찬가지다.

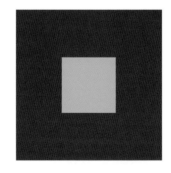

왼쪽에 있는 녹색이 오른쪽의 녹색보다 밝아 보일 것이다. 하지만 색조는 이전 예제와 마찬가지로 동일하다. 두 경우 모두 옅은 색 위에 사각형을 놓으면 더 짙어 보이고 짙은 색 위에 사각형을 놓으면 더 연해 보인다.

이 소용돌이 이미지를 보면 놀라운 사실을 발견하게 된다.
진분홍과 주황색 옆에 무슨 색이 보이는가? 색맹이 아니라면
각각 파란색과 청록색이라고 답할 것이다.
하지만 이 파란색과 청록색은 실제로는 완전히 같은 색이다.
이미지에서 청록색과 파란색을 잘라낸 다음
서로 옆에 놓아보면 두 색이 완전히 같다는 사실을
확인할 수 있을 것이다.

쇠라나 마네와 같은 화가들의 작품을 살펴보라.
멀리서 볼 때 단색의 들판처럼 보이도록 하기 위해
얼마나 많은 색이 사용되었는지 알면 놀랄 수밖에 없다.
이 새로운 색 조합법을 통한 발광 효과는 예술 작품의 아름다움을
더하기 위해 새로 도입된 색의 과학을 적용한 결과물이다.

〈그랑드 자트 섬의 일요일 오후Sunday Afternoon On The Island Of La Grande Jatte〉, 조르주 쇠라
Georges Seurat, 1886년

과학의 예술, 예술의 과학　1839년에는 화학자 마셀 유진 슈브뢸Michel Eugene Chevreul의『색의 조화와 대비의 원칙Principles of Harmony and Contrast of Colours』등 동시대비의 개념을 정의하는 출판물들이 다수 발행되었다. 슈브뢸은 파리의 태피스트리(여러 가지 색실로 그림을 짜 넣은 직물 또는 그런 직물을 제작하는 기술) 회사에서 염색을 담당하는 이사로 재직했는데 그 당시, 태피스트리에 사용되는 흑색 안료에 대한 혹평을 많이 들었다. 그의 고객들은 '열정의 부족'까지 운운했는데 막상 제조업계에서 최고로 인정받은 검은색들과 비교해보니 전혀 부족한 점이 없었다. 이때 슈브뢸은 비록 검은색이 그 자체로 매우 강렬해 보이지만 다른 색 옆에 두면 놀라운 변화를 일으킨다는 사실을 깨달았다. 실제로 검은색을 진한 파랑이나 자주색 옆에 놓으면 그 강렬함이 사라진 반면 대비되는 색상을 놓으면 훨씬 더 강렬해 보였다. 이러한 사실은 비단 검은색뿐 아니라 다른 모든 색상에도 적용되는 것으로 밝혀졌다. 실제로 파란색을 보색인 노란색 옆에 두면 두 색 모두 튀어 보이고, 뉴턴의 색상환에서처럼 파란색 옆에 보라색을 두면 두 색이 서로의 특성을 가져와 서로 섞이는 것처럼 보인다.

　또한 슈브뢸은 확실하게 대비되는 두 가지 고대비 색상 간의 대비 지점에서 가장 '튀어 보인다'는 사실을 발견했다. 르네상스시대의 예술가

클로드 모네|Claude Monet의 〈런던 국회의사당, 안개 사이로 빛나는 햇살The Parliament, London, Effect of Sun in the Fog〉, 1904년

폴 세잔과 소니아 들로네Sonia Delaunay는 동시대비를 광범위하게
활용했다. 세잔은 이를 통해 인상파를 입체파에 연계시켰으며
들로네는 오르피즘Orphism(1911년경 입체주의에서 파생한 화풍) 운동을
공동으로 주도하면서 이를 한 단계 발전시켰다.
이들은 명암법과 보색을 활용하여 색이 인접한 색상에 따라
얼마나 극적으로 변화하는지를 증명했다.

폴 세잔Paul Cezanne, 굽은 길The Bend in the Road, 1900-06년.

소니아 들로네(Sonia Delaunay), 〈일렉트릭 프리즘(Electric Prisms)〉, 1914년

그 창백함이라니!

합성물감이 발명되기 전에는 팔레트에 추가되는 모든 색이 그 자체로 과학적인 발견의 산물로 여겨졌다. 이는 예술가들이 새로 추가된 색을 사용하여 그들을 둘러싼 이 세계를 연결하고 반영하며 설명할 수 있는 능력을 확장해갔기 때문이다. 팔레트의 색이 다양해질수록 예술가들이 경쟁할 수 있는 장은 더 넓어졌다. 그들은 이 세계를 사실적으로 묘사하거나 보다 과장된 색을 사용했다. 가령 악마에게 붉은 얼굴을 그려 넣으면 그 악의가 더욱 도드라져 보이게 된다. 아래 그림에 있는 여왕의 얼굴은 너무 창백해서 마치 본차이나 도자기처럼 보이지만 동시에 그녀의 '귀족성'이 더욱 돋보이는 효과가 있다.

엘리자베스 1세 Elizabeth I (1533–1603), 1600년경

모더니즘 화가이자 교사인 조셉 앨버스Joseph Albers는 동시대비 효과를 그저 기법이 아닌 작품의 주요 주제로 삼기도 했다.

들은 이 원칙의 힘을 활용하여 일종의 명암법chiaroscuro, 즉 매우 어둡고 매우 밝은 물감을 동시에 사용하여 빛과 움직임, 3차원의 효과를 생성했다. 슈브뢸은 동시대비의 원칙을 연구하고 이 원칙에 이름을 부여한 최초의 과학자다.

오늘날에는 근처의 어느 미술용품점에서나 거의 모든 색상, 명도, 채도의 물감을 즉시 사용 가능한 튜브형으로 구입할 수 있을 것이다. 하지만 슈브뢸이 『색의 조화와 대비의 원칙』을 저술한 후 10년 이상이 지난 19세기 중반까지만 해도 이런 일은 상상조차 할 수 없었다. 대부분의 인류 역사에서 색의 과학과 예술은 별도로 분류된 학문이 아니었다. 이때까지만 해도 화가는 자신이 사용하는 안료와 그 화학적 특성에 대해 잘 아는 화학자였는데 안료를 물감으로 변환하는 작업은 예술작품 활동에 필수적인 부분이었다.

인상파 화가들이 활동을 시작했을 무렵 현대 화학은 2천 가지에 달하는 색상을 제공할 수 있었다. 색은 뉴턴과 슈브뢸의 과학적인 지식을 바탕으로 성모 마리아의 파란색 망토와 같이 일종의 해석 양식이나 상징을 나타내기 위한 도구에서 다양한 예술적 의도를 표현하기 위한 수단으로 사용되기 시작했다. 이렇듯 색을 뒷받침하는 획기적인 과학은 인상파 화가들이 사용하는 기법에서 없어서는 안 되는 필수적인 요소였다. 이와

되지 않고 있다. 실제로 '색의 과학'이라는 과목은 대부분의 미술 교육에 아예 포함되어 있지도 않다. 과학이 얼마 전에 훨씬 정확한 모델을 제공했음에도 아이들은 감색법이라는 이름조차 낯설겠지만 사실은 계속해서 색의 감색 모델에 대해 교육받아 왔으며 여전히 빨강, 노랑, 파랑이 주요 삼원색이라고 배울 것이다. 색의 과학은 결코 순수 학문이 아니다. 사람들은 색이라는 렌즈를 끼고 우주의 본질을 탐구할 수 있으며 그것이 바로 우리가 지금 하려는 일이다.

추상파 표현주의 화가인 마크 로스코Mark Rothko는 구성주의적 미술을 회피하면서 동시대비 색을 사용하여 순수한 영적 상태를 투영시키기 위해 노력했다.

같이 다양한 색의 등장과 과학의 발전이 어우러져 새로운 예술적 사조가 탄생되었다.

조르주 쇠라와 같이 과학적 사고방식을 보유한 화가들은 뉴턴의 말대로 빛이 스펙트럼상의 모든 색들로 구성된 것이라면 전체 스펙트럼에 걸쳐 있는 작은 점들이나 작은 붓놀림을 사용하여 색을 묘사하는 것이 훨씬 자연스럽다고 믿고 있었다. 또한 쇠라와 동료 인상파 화가들은 슈브뢸의 이론을 직접 적용하여 유사 색상이나 대비 색상을 작은 점들로 표시함으로써 차원이나 빛의 환상을 만들어냈다. 쇠라가 그린 나무는 그림에서 약간 떨어져서 보면 녹색으로 보이지만 가까이에서 살펴보면 기본색으로 사용된 녹색 옆에 빨강, 주황, 노랑, 파랑이 조심스럽게 배치되어 있는 것을 볼 수 있다. 이러한 결과물은 신기하게도 멀리에서 볼 때 더욱 효과적이고 현실적으로 보인다.

19세기 후반 예술계를 바라보는 사람들은 색이 이전에 다뤄지던 것보다 더 두드러질 수 있다는 사실을 받아들이기 힘들어했다. 하지만 20세기 초반 색의 이러한 중요성을 포용하는 몇 가지 주요 미술 사조, 즉 러시아 구성파, 신사실주의자, 야수파, 그리고 추상적 표현주의 화가들이 등장하면서 색이 다시금 주목받게 된다. 미술계에서는 뉴턴과 슈브뢸의 이론이 계속해서 의식적이든 무의식적이든 중요한 역할을 수행했다.

오늘날 많은 예술가들에게 있어 과학과 색의 관계는 풍부하고 저렴하게 제공되는 물감으로 인해 그 가치가 저평가되거나 아예 고려 대상조차

빨강

가장 화려하고 정열적인 색조, 빨강은 혁명의 불길을 부채질하는 색이다. 빨강은 악마 숭배자, 공산주의, 미국의 보수당 등 다양한 단체에서 자신만의 색으로 활용된다. 또한 빨강은 사랑과 증오를 동시에 표방한다. 보는 사람의 시각에 따라 죄악, 풍요로움, 용기, 유죄, 행운을 모두 상징할 수도 있다. 빨강은 '상징적'으로 분노의 단계를 묘사하거나, 또는 법치 사회의 시민으로서 실질적인 법원 명령에 따라가던 길을 멈춰야 한다. 다만 빨간색 불빛이 어른거리는 홍등가에 유혹당하지 않도록 주의하라. 결국 부끄러운 주홍 글씨로 마감하게 될 테니.

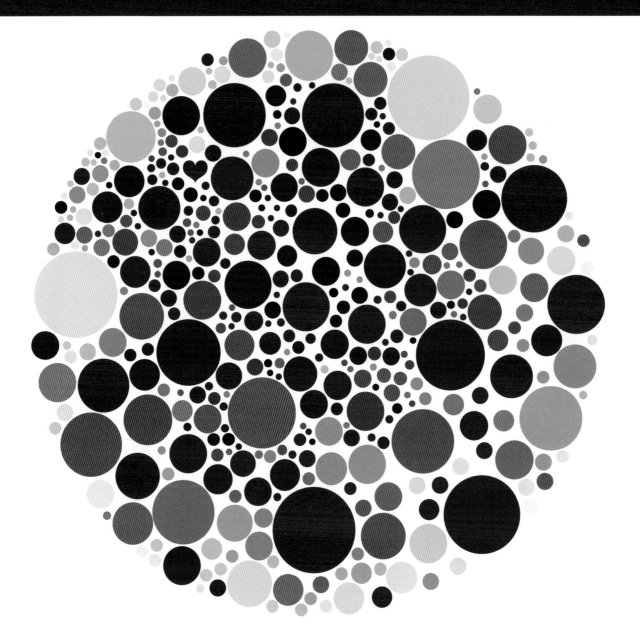

감청색과 연파랑, 파랑과 녹색, 심지어 파랑과 빨강을 구분하지 못했던 시절을 상상하기는 어려운 일이다. 하지만 아직 문자 언어가 발생하기 이전인 고대에서부터 언어를 추적하다 보면 실제로 이와 같은 무색의 세계에 맞닥뜨리게 된다. 적어도 언어적인 측면에서 말이다. 검정과 흰색 외에도 수많은 문화에서 반드시 구별해야 한다고 느꼈던 색깔이 있다면, 전 대륙의 전 문화에 걸쳐 동일하게 최초로 이름 지어진 색깔이 있다면, 바로 빨간색이다. 피의 색, 그리고 원시적인 자연의 색. 셈 족 히브리인부터 뉴기니 섬의 다양한 종족에 이르기까지 이 색의 이름이 피를 상징하는 언어에서 비롯되었다는 사실은 그다지 놀라운 일이 아니다.

철칙 우리의 피는 단백질, 철분, 산소로 구성되어 있다. 이중 철분과 산소가 붉은 빛깔을 띤다. 철분은 단백질 헤모글로빈에 붙어 적혈구에서 다른 신체 조직으로 산소를 운반하는 역할을 담당한다. 사람이 숨을 들이쉬면 산소가 헤모글로빈 속의 철분과 섞여 피가 빨간색으로 변한다. 적혈구는 우리 피의 40~50%를 차지하며 완전히 붉은색을 띤다. 붉은색은 산소가 많을수록 선명해진다. 먼저 폐를 거쳐 동맥을 통해 심장에서 흘러나오는 피는 정맥을 통해 심장으로 흘러 들어가는 피보다 훨씬 많은 양의 산소를 보유하고 있다. 심장으로 흘러 들어가는 피는 몸 전체에 산소를 보관해두고 더 많은 산소를 얻기 위해 다시 돌아온다. 응급구조대원이 사고 현장에 도착했을 때 선홍색을 보게 된다면 동맥이 잘린 것이다.

산화철 형태를 띤 녹(綠)은 '붉은 행성'으로 알려진 화성의 표면을 구성하는 물질이다. 녹은 철이 산소나 물과 접촉할 때 다홍색으로 변하면서 생성된다. 산화철은 인간이 최초로 사용한 색소로, 이 색소에는 오커 ochre — 주로 겨자색으로 사용되지만 노란색이나 시에나sienna(짙은 적갈색을 내는 원료로 자주 사용)보다 붉은색을 띤다. —가 포함되어 있다. 오커와 시에나는 최초의 몇몇 예술 작품, 기원전 17,000년까지 거슬러 올라가는 라스코Lascaux의 동굴 벽화에 사용되었다. 이러한 색소는 그 이후로 지금까지, 적어도 19세기까지는 거의 대부분의 주요 예술가들에 의해 사용되었다. 렘브란트는 자신의 팔레트에서 시에나토와 오커를 기본색으로 사용했으며 반 고흐 역시 마찬가지였다.

오른쪽 혈액 샘플의 산소함량이 아래쪽 샘플보다 많다. 산소가 많을수록 붉은빛이 선명해진다.

마인유 등과 섞어 칠하기 쉽게 만들곤 했다.

오커와 시에나, 산화철은 오늘날까지도 화장품이나 상업용 페인트 등 다양한 합성 제품의 색소로 활용된다. 대지(大地)조차 우리 풍경의 대다수를 구성하는 점토나 암석을 통해 이러한 색소의 환상적인 사용법을 선보여 왔다.

화성은 철을 포함하여 적갈색 빛을 띤다.

녹은 농장에서 많이 볼 수 있었으므로 이때부터 이미 붉은 농장 그림의 기본 색상으로 사용되었다. 이러한 농장은 뉴잉글랜드를 상징하는 일반적인 풍경이기도 하다. 18세기 미국에서부터 농부들은 이 내구성 높고 사용이 편리한 최상급 곰팡이 차단제를 사용하여 나무에서 곰팡이가 발생하지 않도록 했다.

흥미롭게도 피가 빨간색을 만드는 데 활용되기도 했는데, 녹이나 피를 농장에서 일상적으로 사용하는 우유나 아

라스코 동굴 예술가에 의해 아름답게 탄생한 시에나

머그잔 속의 붉은 벌레 2012년, 한 채식주의자의 웹 사이트에 거대 커피 회사인 스타벅스에 대한 기사가 실렸다. 기사에서는 스타벅스의 딸기 프라푸치노가 엄밀히 말해 채식이 아니라고 주장하면서 스타벅스에서 죽은 벌레를 으깨서 음료의 붉은빛을 낸다고 기술했다. 이에 언론은 난리가 났으며, 동물애호단체 등은 다른 염료를 사용해야 한다고 주장하기도 했다. 딸기 프라푸치노를 애용하던 일반 소비자들 역시 당황했다. 하지만 색 전문가들은 어안이 벙벙할 따름이었는데, 얼마나 많은 제품의 색이 바로 이 색소와 벌레, 즉 코치닐Cochineal로 만들어지는지 알고 있었기 때문이다.

코치닐은 고대 아즈텍 족에게 숭배의 대상이었는데, 멕시코에서는 포스트 식민주의 시대에 금 다음으로 가장 선호하는 수출품으로 간주되었다. 이 벌레는 부자들이 입은 천의 염료로 사용되어 권력자와 비권력자

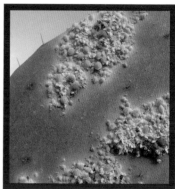

왼쪽에는 이 벌레의 귀중한 색소 분비물과 함께 한 무리의 코치닐 벌레가 있다. 오른쪽에는 코치닐을 수확할 수 있는 선인장 대가 보이는데, 바로 여기에 벌레가 촘촘하게 박혀 있다.

렘브란트Rembrant는 〈유대인 신부Jewish Bride〉라는 작품에서 코치닐을 사용하여 아름다운 빨간색 드레스를 표현해냈다. 아마 드레스 자체를 코치닐로 염색했을 것이다.

빨간색 망토로 치장한 잉글랜드의 제임스 1세(스코틀랜드의 제임스 6세), 1621년경

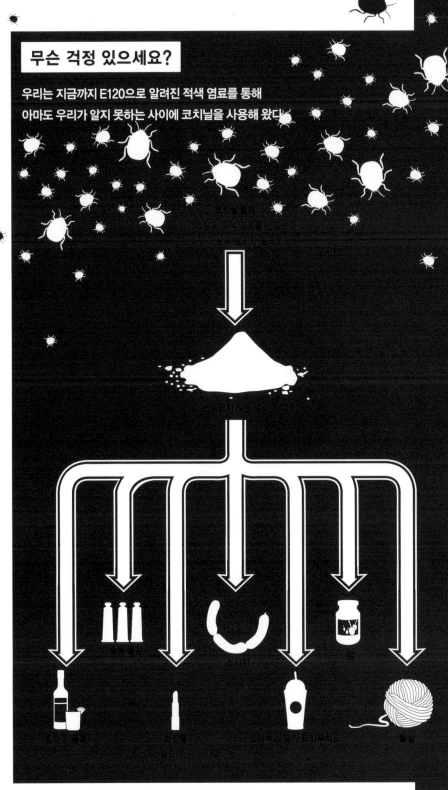

우리는 지금까지 E120으로 알려진 적색 염료를 통해
아마도 우리가 알지 못하는 사이에 코치닐을 사용해 왔다

를 구분하는 척도가 되기도 했다. 아즈텍 족은 코치닐을 수확한 최초의 민족으로, 코치닐을 말린 다음 고운 가루로 빻아 변색되지 않는 색소를 추출하여 예술품이나 의복에 사용했다. 후에 스페인 사람들이 상륙하여 아즈텍의 직물에서 이 빨간색을 보고 감탄해 마지 않았다. 당시 유럽은 그 광택이나 유지력 측면에서 코치닐과 비견할 만한 적색 염료를 보유하고 있지 않았다. 약 453그램의 적색 염료를 만드는 데 7만 마리 이상의 벌레가 필요했지만 스페인 사람들은 이에 굴하지 않고 유럽으로 이 색소를 수출하기 시작했다. 그 후 이 염료는 높은 가격에도 불구하고 대대적으로 유행하게 되었다.

스페인 사람들은 200년 동안 이 색소를 독점하기 위해 갖은 노력을 다했다. 하지만 한 영리한 프랑스인이 코치닐 벌레가 촘촘히 박혀 있는 선

페루 안데스 산맥의 고산 지역 근처의 케추아Quechua(잉카 문명) 족 여인이
으깬 코치닐을 사용하여 손으로 뽑은 털실을 염색하고 있다.

보다 경제적인 합성염료가 발명되기 전까지 영국군 제복의 빨간색 코트는 종종 코치닐로 염색되었다. 위 그림은 귀족 혈통의 영국 군인 로버트 클라이브Robert Clive, 일명 클라이브 남작을 그린 그림으로 1773년에 제작되었다.

인장 대를 몰래 훔쳐 아이티 섬으로 가져가서는 자체적으로 의복을 제작하기 시작했다. 그때 이 기술이 유출된 후로 여러 국가에서 이 염료가 판매되기 시작했다.

　1870년대에는 알리자린alizarin이라는 새로운 합성염료가 생산되었다. 푼돈으로도 변색되지 않는 아름다운 빨간색을 얻을 수 있게 되자 하룻밤 사이에 코치닐의 재고가 쓸모없는 물건으로 전락해버렸다. 새로 발견된 색소가 널리 사용되면서 가격이 떨어지자 이 색에 대한 귀족들의 소비가 급격하게 줄었다. 귀족들의 기호는 좀 더 부드러운 색상들로 바뀌었는데, 귀족들은 이러한 색상을 호화롭지만 저급한 진홍색을 대체하는 우아한 것으로 간주했다.

　오늘날 이 세계는 유독성 적색 염료로 가득 차 있으며, 일부는 암을 유발하는 것으로 증명되기도 했다. 보다 자연적인 것을 찾으려는 추세와

가톨릭교회 역시 빨간색을 활용했다. 13세기 보니파티우스 8세Pope Boniface VIII는 추기경들이 빨간색 카속cassock(성직자들이 입는, 보통 검은색이나 주홍색의 옷)을 입고 그리스도를 위해 목숨을 바친 순교자들처럼 자신의 생명과 피를 희생함으로써 교회에 헌신하겠다는 의지를 표명하도록 했다.

새와 교황의 고문,
누가 먼저일까?

추기경은 후자의 이름을 따서 명명되었다

함께 많은 사람들이 코치닐을 다시 찾기 시작했으며, 이제는 그 화학명인 적색 염료 E120으로 널리 알려져 있다. 코치닐은 화장품, 소시지, 잼, 요구르트 기타 천연 염색 실 등 수많은 제품에서 찾아볼 수 있다.

적색 테이프로 봉인 중세 귀족의 의복에서부터 그들이 사용하던 편지지나 문서에까지 중세시대 전반에 걸쳐 왕과 교황, 기타 고관대작들은 값비싼 빨간색 밀랍으로 제작된 우아한 적색 봉인을 사용하여 서신의 비밀을 보장할 수 있었다. 이것은 편지를 전달하는 전령이나 호기심 어린 다른 사람들이 그 안에 들어 있는 내용을 볼 수 없도록 하기 위한 것이었다.

하지만 이러한 적색 봉인이 처음 언급된 때는 16세기의 헨리 8세Henry VIII 시절이었는데, 그는 로마 교황 클레멘스 7세Pope Clement VII에게 아라곤의 캐서린과의 혼인을 무효로 해줄 것을 재차 요청한 바 있다. 이들이 영국을 여행하는 동안 교황은 필요한 서류를 적색 테이프로 봉인하여 다른 사람들이 건드리지 못하도록 했다.

빨간색의 등급

아직 인터넷, 신문, 카메라, 인쇄기 등이 발명되지 않은 중세 유럽에서 사람들이 어떻게 제왕의 초상화를 알아볼 수 있었을까? 대중들은 왕의 근엄한 표정을 살필 필요도 없이 그저 외투의 색만으로도 왕을 알아볼 수 있었다. 왕과 법정에 선 사람들이 빨간색 옷을 입고 있으면 다른 그 누구도 빨간색을 입을 수 없었다. 대중들은 귀족 이하의 사람들이 빨간색을 걸치지 못하도록 금지하는 중세의 윤리 규제 법령을 준수해야 했다. 계급이 낮은 사람에게 경제적인 여유가 있다 해도 말이다.

오늘날 관공서의 불필요한 요식을 의미하는 '레드 테이프Red Tape'라는 용어는 소설가 찰스 디킨스Charles Dickens로부터 유래되었다. 그는 다음과 같이 묘사했다. "런던 경찰국에는 다량의 적색 테이프가 있다. 그곳에서 일을 보려면 그만한 대가를 치러야 할 것이다."

빨강, 정열 그리고 선입견 시선을 사로잡는 빨간색의 힘은 사람을 끌기도 하고 위협하기도 한다.

헤나Henna는 인도 신부들의 손에 문신을 새기는 데 사용되는 염료로, 동일한 이름의 식물에서 추출된다. 흥미롭게도 염료의 재료가 되는 이 식물의 가루는 선녹색을 띤다. 따라서 빨간색으로 만들려면 레몬주스와 같은 산성 물질을 섞어야 한다.

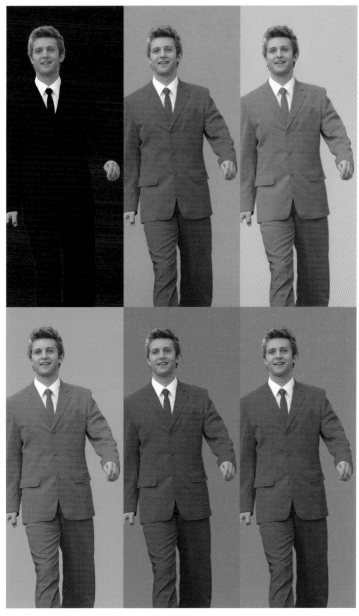

한 연구 결과에 따르면, "어떤 남자가 가장 섹시해 보입니까?"라는 질문에 여성들은 대체로 빨간색 옷을 입은 남자를 선택한다.

한 연구에서는 여성들에게 배경색이 서로 다른 색깔 있는 옷을 입은 남자 사진을 보도록 하면서 실험의 주제가 첫인상에 대한 연구라고만 말했다. 연구 결과, 여성들은 빨간색 옷을 입거나 빨간색 배경에서 사진을 찍은 남자들이 보다 성적인 매력이 있다고 생각하는 것으로 답변했다.

배우 릴리안 기쉬Lillian Gish는 1926년 영화 〈주홍 글씨〉에서 여주인공을 연기했다.

연구 진행자는 이러한 선입견이 빨간색이 높은 사회적 지위를 나타내는 인식과 연관되어 있다는 결론을 내렸다.

어떤 문화에서는 여자가 선홍색 드레스를 입으면 자신의 성적 매력을 어필하려는 의도로 보기도 한다. 빨간색 옷을 입은 여자는 기분 좋은 성적 자극에서 성적인 죄에 이르기까지 다양한 의미를 함축한다. 나다니엘 호손Nathaniel Hawthorne의 1850년 작품 『주홍 글씨』에서 여주인공 헤스터 프린은 간음에 대한 처벌로 자신의 옷에 주홍 글씨 'A'를 새겨야 했다. 고전 영화 〈제저벨Jezebel〉에서는 배우 베티 데이비스Bette Davis가 무도회에서 당당하게 빨간색 드레스를 입음으로써 사회에 물의를 일으켰다. 결국 관습을 무시했다는 이유로 약혼자에게서 파혼을 당하게 된다.

하지만 북인도의 여성들은 전통적으로 결혼식 날 빨간색 옷을 입는다. 신부는 빨간 사리에 빨간색 빈디(힌두교도 여자들이 이마 중앙에 찍거나 붙이는 장식용 점)를 찍고 손에는 빨간색 헤나로 문신을 새긴다. 힌두교 신자들에게 있어 빨간색은 잠재력뿐 아니라 생식력을 상징한다. 결혼한 힌두교

적색 도발

붉은 제복이 의미하는 것처럼 투우사의 빨간 망토가 마치 황소를 도발하는 것으로 생각할 수 있다. 하지만 황소는 말 그대로 빨간색을 보지 못한다. 황소는 2색형 색각자로, 두 가지 색만 볼 수 있으며 빨간색과 녹색은 구분하지 못한다. 따라서 투우사의 빨간 망토는 황소에게 전혀 빨간색으로 보이지 않으며, 황소를 돌진시키는 것은 바로 망토의 움직임이다.

투우사의 망토는 보통 빨간색이나 진분홍색을 띠는데, 분홍색 망토의 안쪽은 노란색이지만 빨간 망토는 온통 붉은색으로 피날레를 장식하는 데 사용된다.

여성들에게 빨간색은 죽을 때까지 중요한 의미를 지닌다. 미망인이 죽으면 화장하기 전에 시체를 흰색 천으로 덮지만 남편보다 먼저 죽는 경우에는 시체를 빨간색 천으로 덮는다.

적과 대치할 때 우위를 차지하고 싶으면 빨간색 옷을 입는 것도 좋은 생각이다. 한 연구 조사 결과, 2004년 올림픽 경기에서 빨간색 옷을 입은 개인이나 단체 선수들이 승리할 가능성이 높았다는 것이 밝혀졌다. 전문가들은 이러한 빨간색의 힘의 근원이, 붉은빛이 남성의 권력과 정력을 상징하던 원시 사회로 거슬러 올라간다고 가정했다. 남성 호르몬 테스토스테론이 많은 남성들의 안색이 더 붉은 경향이 있으며, 이에 따라 얼굴빛이 붉은 남자들이 '서열'상 더 낮은 위치에 있는 남자들에게 두려움의 대상이었다.

루비 슬리퍼 라이먼 프랭크 바움L. Frank Baum의 『오즈의 마법사』에 루비 슬리퍼가 나오지 않는다는 사실을 알고 있는가? 실제로 주인공 도로시는 은색 구두를 신었다. 그렇다면 왜 우리는 루비 슬리퍼로 기억하고 있는 것일까? 아니면 영화에 나오는 장면이 책에 기록된 사실을 덮을 정도

로 강렬했던 것일까? 밝혀진 바에 따르면, 1939년에 나온 영화 〈오즈의 마법사〉 제작자들은 테크니컬러(총천연색 색채 영화의 한 방식으로 가장 색채가 아름답고 풍부한 컬러 영화의 색 재현 방식) 기법을 활용했다. 테크니컬러는 당시 대부분의 영화 팬들이 심취해있던 새로운 기술이었다. 루비 슬리퍼의 반짝거리는 빨간색과 노란 벽돌 길의 생동감 있는 금색이 대비되던 순간은 화면을 밝히는 더할 나위 없이 훌륭한 방법이었다.

원래는 배우 주디 갈랜드Judy Garland를 위해 여섯 또는 일곱 켤레의 루비 슬리퍼가 제작되었는데, 마지막 구두는 대략 200만 달러에 경매로 팔렸으며, 다른 쌍은 아마 도둑맞았을 것이다.

러시아 혁명을 위해 1905년 제작된 이 포스터는
알렉산드르 니콜라예비치 사모크발로프Alexander Nikolayevich
Samokhvalov의 작품으로, 가장 흔히 볼 수 있는 빨간색을
활용하여 공산주의를 표방했다. 그보다 1세기 이전에는
붉은 군대의 프랑스 교우들이 빨간색 깃발을 사용하여
'자유, 평등, 우애'에 대한 추구를 형상화했다.

당신이 우주 공간에 있다고 상상해보라. 깊은 암흑 가운데 푸른빛과 붉은빛을 띤 셀

수 없이 많은 별들 속으로 들어가보라. 그리고 소용돌이치는 성운(星雲)을 바라보라.

각각의 색은 특정 이온화가스를 나타낸다. 이제 다시 지구로 내려오면 북극광이

분사하는 색 스프레이를 볼 수 있다. 이제 흰색 구름과 파란색 바다에 가까이 가보자.

해가 저물면서 하늘이 붉은색에서 주황으로, 다시 분홍에서 진한 파란색으로 변한다.

우주를 구성하는 요소들은 온통 색으로 가득 차있다. 색은 우리에게 언제 일어날지,

언제 잠들지, 언제 바깥에 나갈지, 그리고 언제 피신할지 알려준다. 색은 우리가 아직

가보지 않은 행성들에 무엇이 사는지, 그리고 그러한 행성이 인간에게 우호적인지

여부를 가르쳐준다. 심지어 감히 상상할 수도 없는 가장 중요한 질문, '우주가 어떻게

창조되었는가?'에 답할 수 있도록 도와준다. 또 다른 중요한 질문을 빼놓을 순 없을

것이다. 바로 모든 아이들이 자연스레 질문하지만 그 답을 아는 부모는 극히 소수인

바로 그것. '하늘이 왜 파랗죠?'

세페이드 변광성은 별 운집지역의 한가운데에 위치해 있다.

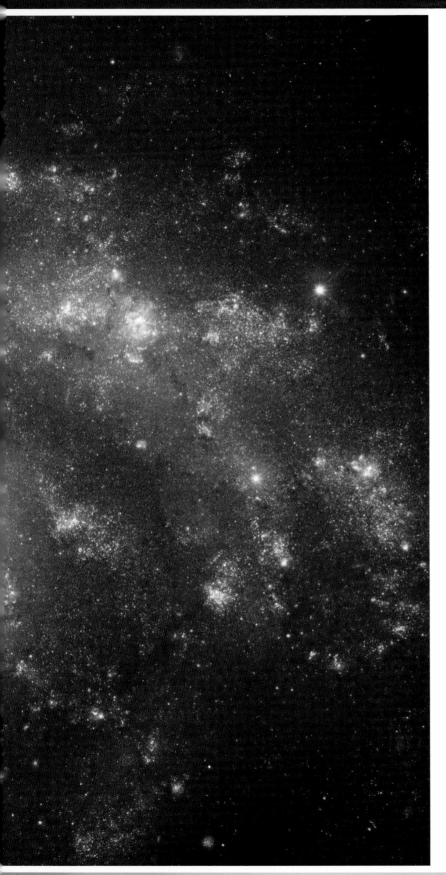

헨리에타 스완 리비트Henrietta Swan Leavitt

이제 본질적으로 중요한 질문을 던져보겠다. 도대체 생명은 어디서 시작 되어 언제 끝난단 말인가? 이 문제에 대해 색을 사용하여 대답해보자.

19세기 말, 미국의 헨리에타 스완 리비트라는 천문학자는 망원경을 통해 찍은 수천 장의 사진건판(유리판을 지지체로 하는 사진 감광재료)을 살 펴봐야 하는 시시한 일을 맡게 되었다. 당시 그녀는 여자라는 이유로 망원경을 사용할 수조차 없었다. 이러한 사진건판은 세페이드 변광성 Cepheid variable(세페우스자리 δ를 대표로 하는 맥동변광성)으로 알려진 별의 영 상을 담고 있었다. '변광성'은 별의 밝기가 변경되기 때문에 붙은 이름이 다. 이들은 규칙적으로 파동하며 며칠에서 몇 달까지 밝기가 세지거나 약해지기를 반복한다. 이러한 파동 사이의 시간을 '파동 주기'라고 한다.

리비트는 예리한 눈으로 관찰하면서 세페이드의 밝기와 파동 주기를 연계해서 생각했고, 마침내 중요한 발견을 하게 된다. 바로 세페이드와 지구 사이의 거리를 측정하는 기법이다. 그녀가 발견한 기법은 별의 광 도나 별 고유의 밝기를 중심으로 한 것으로, 별의 광도에 대해 알지 못하 면 클로즈업된 희미한 별과 멀리 떨어져 있는 밝은 별의 차이를 구분하기 어려워진다. 리비트는 같은 기간의 모든 세페이드 변광성 광도가 동일하 다는 사실을 발견했다. 과학자는 세심하게 세페이드의 파동 횟수를 측정 하여 고유의 밝기를 확인할 수 있다. 그런 다음 실제 밝기와 밝게 보이는 정도에 존재하는 차이를 비교하면 거리를 측정할 수 있다.

리비트의 연구를 통해 수많은 별들 간의 거리를 측정하는 표준이 정립

되었으며, 이러한 표준은 마침내 은하수가 수많은 은하계 중 하나일 뿐이고 우주가 이전에 상상하던 것보다 훨씬 크다는 사실을 발견하게 되는 견인차 역할을 했다. 우주가 얼마나 광활한지 깨닫게 되자 과학자들은 우주가 원래부터 컸는지 아니면 시간이 지남에 따라 커졌는지 알고 싶어 했다. 20세기 초반에는 천문학자들이 우리 은하계 내에 있는 별들 간의 거리만 측정했었는데, 별들은 지구를 향해 점차 가까워지거나 멀어지곤 했다. 이렇듯 별들의 일관되지 않은 움직임이 관찰되자 우주가 팽창하거나 수축하는지 여부를 정확하게 단언할 수 없었다.

하지만 은하계의 색상, 아니 망원경을 통해 보이는 색을 흡수하거나 반사하는 은하계 사이의 가스는 기존의 결론을 완전히 바꿔놓았다. 우선 우리가 색을 볼 수 있는 이유는 우리가 우주에서 색을 보기 때문이다. 한 줄기 빛이 우주를 여행 중이라고 상상해보라. 이 빛은 18페이지에서 언급했던 줄넘기의 물결 모양처럼 최고점과 최저점이 교차하는 일련의 파동으로 구성되어 있다. 이렇듯 파동이 움직이면 줄넘기도 당겨진다. 그러면 최고점, 즉 파장이 길게 늘어난다. 앞에서 설명한 대로 가시광선의 장파장은 빨간색으로 나타나며 광파가 늘어날수록 더 붉게 보인다. 이렇게 팽창되는 것을 적색이동redshift(스펙트럼선의 파장이 어떤 원인으로 본래의 파장보다 장파장 쪽으로 이동하는 현상)이라고 한다. 하지만 이때 '더 붉게' 보인다는 것은 일종의 비유적 표현에 해당한다. 물론 적색이동이 빛의 파장 변화를 언급하는 것이긴 하지만 반드시 더 붉게 보인다는 것을 의미하지는 않는다. 오히려 파장이 스펙트럼상의 빨간색 쪽으로 이동하는 것을 의미한다. 자외선 파장을 반사하는 우주에서 강력한 적색이동 현상이 발생하면 오히려 더 파랗게 보일 수 있다. 여기서 더 심한 적색이동이 일어나면 파랑에서 빨강으로 변하면서 가시광선 스펙트럼을 완전히 벗어나게 된다. 별은 지구에서 더 멀어질수록 붉게 보이며 가까워질수록 파랗게 보인다. 이미 짐작하고 있겠지만 이러한 현상을 청색이동blueshift(스펙트럼선의 파장이 어떤 원인에 의해 본래의 파장보다 단파장 쪽으로 이동하는 현상)이라고 한다.

그렇다면 적색이동이 왜 그렇게 중요할까? 1923년, 미국의 천문학자 에드윈 허블Edwin Hubble(1889~1953)은 여러 은하계의 적색이동과 밝기를 측정한 후 최종적으로 우주가 계속해서 팽창하는 중이라고 선언할 수 있었다. 우리는 은하계의 적색이동 현상을 통해 은하계가 얼마나 빠르게 우리로부터 멀어져 가는지 확실히 알 수 있다. 우주가 팽창 중이라는 사실로 미루어볼 때 저 멀리에 있는 은하계는 더 팽창되었다는 것, 즉 적색이동이 이루어졌다는 것을 나타낸다.

과연 우주가 계속해서 팽창할 수 있을까? 만약 그렇다면 어떤 속도로 팽

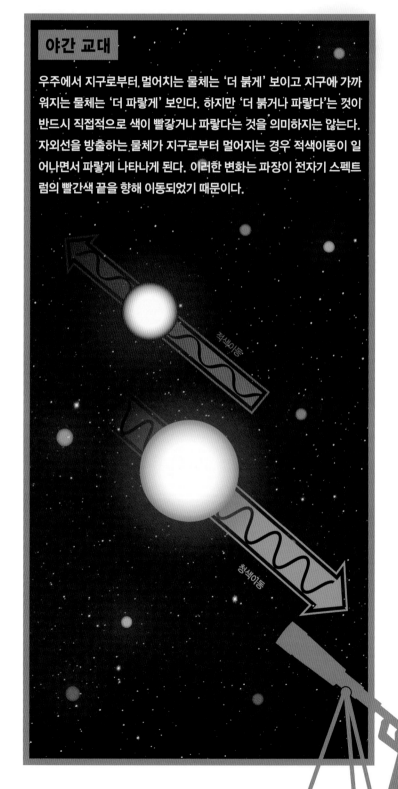

야간 교대

우주에서 지구로부터 멀어지는 물체는 '더 붉게' 보이고 지구에 가까워지는 물체는 '더 파랗게' 보인다. 하지만 '더 붉거나 파랗다'는 것이 반드시 직접적으로 색이 빨갛거나 파랗다는 것을 의미하지는 않는다. 자외선을 방출하는 물체가 지구로부터 멀어지는 경우 적색이동이 일어나면서 파랗게 나타나게 된다. 이러한 변화는 파장이 전자기 스펙트럼의 빨간색 끝을 향해 이동되었기 때문이다.

적색이동

청색이동

창되는 걸까? 물론 어느 시점에 도달하면 그 속도가 떨어지기 시작할 것이다. 이것이 지금까지 과학자들이 믿어왔던 사실이다. 우주에서 훨씬 더 멀리 떨어져 있는 초신성(超新星, 보통 신성보다 1만 배 이상의 빛을 내는 신성, 별의 폭발)을 발견하기 전까지는 말이다.

초신성은 어마어마하게 밝은 별이다. 한 개의 초신성은 수주 동안 전체 은하계에 있는 수천억 개의 별보다 더 밝게 빛날 수 있다. 모든 초신성군은 대략 비슷한 등급의 최고 밝기를 공유하므로 세페이드 변광성과 마찬가지로 실제 밝기와 밝게 보이는 정도를 비교하여 얼마나 멀리 있는지를 계산해낼 수 있다. 이러한 밝기와 함께 초신성의 적색이동을 감안하면 별이 폭발한 이후로 우주가 얼마나 빠르게 팽창되어 왔는지 계산할 수 있다. 우리는 이러한 계산을 통해 우주에 대한 또 다른 중요한 발견을 이끌어냈다. 바로 팽창률이 증가하고 있다는 것이다. 이것은 엄청난 발견

이었는데, 실상 팽창률이 줄어들고 있다고 추측하는 것이 오히려 논리적인 것이었기 때문이다. 마치 제동 걸린 차처럼 계속해서 앞으로 나가긴 하지만 그 속도가 늦춰지는 것처럼 말이다. 과학자들은 우주가 가스라는 엔진을 밟으며 더욱 속도를 내고 있다는 사실을 발견한 셈이다.

이 발견에서 색상은 여러 가지 중요한 역할을 수행한다. 과학자들은 초신성의 색상 요소를 감안하는 것 외에도 초신성을 둘러싼 먼지 역시 나름의 색상, 정확하게는 적색을 만들어내고 있다는 사실을 발견했다. (먼지의 적색화는 적색이동 현상과 달리 실제로 적색으로 변하는 것을 의미한다. 먼지는 빛의 단파장을 방해하여 차단 및 분산시키지만 빨간색 파장은 표시한다.) 과학자들은 이러한 적색화를 계산하여 전경에 먼지가 얼마나 많은지 계산하고 초신성의 거리를 측정하는 '색 조정'을 수행할 수 있었다.

게 성운(지구에서 약 5,000광년 떨어진 황소자리 성운)의 허블 우주 망원경 이미지는 '가색상false color(假色相)'이라는 기법을 사용한다. 하지만 이름만 보고 섣불리 판단하면 안 된다. 천문학자들은 가시광선 밖에 있는 우주의 색상을 우리가 볼 수 있는 색상으로 전환시키는 데 이러한 가색상을 사용했다. 아래 사진에서 파란색은 중성 산소, 녹색은 단일 이온화 황, 빨간색은 이중이온화 산소를 나타낸다.

별에 왜 색이 나타나는가?

우리가 밤하늘을 바라볼 때 보이는 다양한 색상은 화학적
구성요소라기보다 온도, 즉 별 외층의 '열방사'에 더 가깝
다(뜨거운 토스터에서 빨갛게 달아오른 선을 생각해보라. 열방사
현상이 발생 중이다).

별의 빨강, 흰색, 파랑 별과 색상에 관해 생각해보면 레드 핫이나 아이
스 블루와 같은 연관성을 손쉽게 떠올릴 수 있다. 별이 차가울수록 방출
되는 빛의 파장이 길어져 더 붉게 나타난다. 물체가 뜨거워지면 방출되
는 빛의 색상이 무지개의 여러 가지 색으로 변화되면서 스펙트럼의 파란
색 쪽으로 가까워진다. 예를 들어, 태양의 표면은 대략 6,000도로 보통
의 토스터보다 훨씬 뜨거운데, 빨간색 파장에 노랑, 초록, 파랑으로 나타
나는 혼합 단파를 추가한다. 이러한 다중 파장이 결합되면 태양이 하얗
게 보인다. 우리가 은하계에서 가장 뜨거운 물체 중 하나인 준항성체, 즉
퀘이사 바로 옆에 서 있다면 우리 눈에 그다지 밝아 보이지 않을 수도 있
다. 너무 뜨거워서 이 항성체를 구성하는 대부분의 빛이 파랑과 보라를
벗어나는 자외선에 존재하므로 우리의 시야를 벗어난다. (실제로 퀘이사는
너무 멀리 있어서 우리가 지구에서 볼 때 그 빛에 적색이동 현상이 발생하므로 일부
자외선이 다시 적외선으로 회귀하게 된다.)

밝고 뜨거운 푸른 별과 덜 빛나는 붉은 별이 대마젤란운 Large Magellanic Cloud의 별 형성 지역을 차지하고 있다.
이 사진에서는 붉은 별과 푸른 별로 표시되지만 실제로는 '가색상'이라는 기법을 사용한 것이다.
천문학자들은 가색상을 사용하여 가시 스펙트럼을 벗어난 우주의 색을 우리가 볼 수 있는 색상으로 변환시켰다.

시리우스라는 푸른 별이 밝게 빛나고 있다.

　열방사를 인식하게 되면서 별의 색상이 빨강, 흰색, 파랑으로 한정되었다. 초록이나 보라와 같은 다른 색상은 여러 별이 섞여 방출되는 빛에서 찾아볼 수 있다. 하지만 이러한 별들이 뿜어내는 빛이 지나치게 빨갛고 파랗다 보니 모든 파장이 결국 흰색으로 나타나게 된다. '바이올렛'이라고 불리는 별조차 푸른빛을 많이 방출하여 보라색을 흐리게 만든다. 파란색이 우리가 눈으로 식별할 수 있는 아주 작은 보라색 부분을 지배하여 결국 보라색 색조가 거의 눈에 띄지 않게 되는 것이다.

　또한 별의 색상은 별의 수명과도 연관되어 있다. 온도가 높은 푸른 별은 더 밝고 더 많은 에너지를 쏟으며 연료를 더 빠르게 소모한다. 시리우

파랗게 타오르는

열에 관한 한 우리의 색상 언어가 완전히 거꾸로 적용된다. 아래에 표시된 대로 차가운 온도는 붉은빛, 뜨거운 온도는 푸른빛에 해당한다. 여기에서 녹색은 완전히 사라지고 그 자리를 흰색이 차지하게 된다.

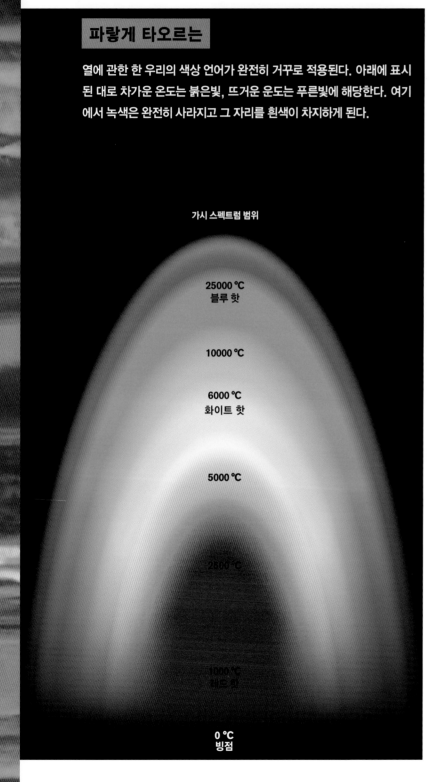

가시 스펙트럼 범위

25000 °C
블루 핫

10000 °C

6000 °C
화이트 핫

5000 °C

2500 °C

1000 °C
레드 핫

0 °C
빙점

스와 같이 밝게 빛나는 푸른 별은 수백만 년 동안 생존하는 반면, 우리네 태양과 같이 차가운 별은 수십억 년 동안 생존한다. 일부 붉은 별은 더 오래 생존한다. 적색 왜성(M형, K형의 저온 주계열성으로 초거성 등에 비해 어둡기 때문에 눈에 잘 띄지 않지만 수는 많아서 근거리 항성의 약 70%를 차지함)은 작고 5,000°C가량으로 차가운 편이라 수백억 년을 살 수 있다. 아마 그 이상을 살 수도 있을 것이다. 적색 거성(지름이 태양의 수십 배에서 수천 배가 되는 M형, K형의 온도가 낮은 별)이나 적색 초거성의 온도는 대략 5,000°C지만 그 크기가 너무 커서 엄청난 열을 발산하게 된다. 따라서 안타깝게도 다른 별들에 비해 상대적으로 짧은 시간 생존한다.

차가운 빨강 그렇다면 열기와 빨간색을, 냉기와 파란색을 연관시키게 된 이유는 무엇일까? 어두침침한 환경에서는 눈의 민감도가 달라진다. 우리 눈에 있는 추상체의 일반적인 최고 감도는 노란색이나 녹색 파장에서 발생하지만 간상체라고 하는 다른 광수용체 집합(21페이지 참조)을 통해 감도가 파란색 파장으로 이동된다. 따라서 대체로 온도가 낮아지는 어두침침한 환경에서는 푸른빛을 더 많이 인식하게 되는 경향이 있다. 빨간색의 경우 토스터 코일이나 불과 같은 뜨거운 물체들이 어떤 색이 뜨겁거나 차가운 것을 나타내는지에 대한 우리의 인식에 영향을 미쳤다.

강철이나 석탄 등의 물질에 열을 가해 대략 1,000°C 정도의 고온이 되면 '레드 핫'이라는 용어처럼 빨갛게 달아오르게 된다. 하지만 계속해서 열을 가하면 색이 스펙트럼상의 모든 색상을 거쳐 하얗게—화이트 핫—변한다(대략 6,000°C의 태양 온도). 원칙적으로 열을 더 가하면 절정에서 자외선으로 변해야 하지만 방출된 빛의 끝 부분이 가시 스펙트럼으로 확장되어 흔히 말하는 '블루 핫' 상태가 된다. 이 상태까지 가려면 물질이 25,000°C 이상의 고온이 되어야 하는데, 일반적으로 그렇게 되기는

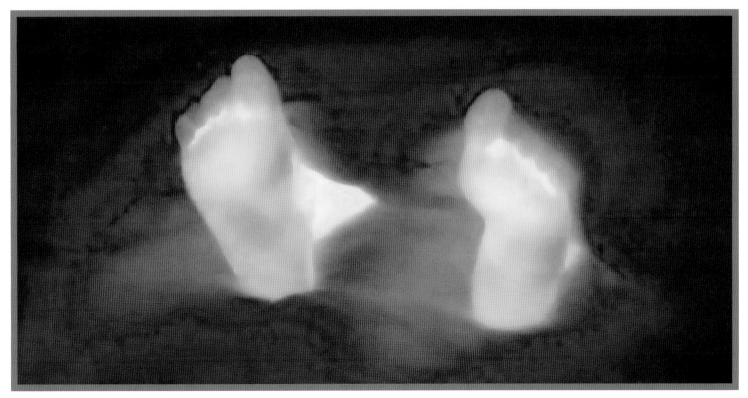

조셉 지아코민Joseph Giacomin은 체열 사진을 사용했는데, 그가 설명한 바에 따르면 이 기법은 표면의 광선을 반사하는 대신 내부의 열을 포착한다. 이 그림에서는 실제로 발에서 나오는 열을 느낄 수 있을 정도다.

어렵다. 따라서 '블루 핫'이라는 용어가 사용되지 않는 것이다.

'레드 핫'에 대해 설명하자면 인간의 체온은 대체로 36°C이며, 붉게 빛나는 1,000°C와는 거리가 멀지만 전자기 스펙트럼의 적외선 부분에서 빛나기에는 충분한 온도다. 사실 우리가 빨강으로 인식하는 광선을 약간 지나친 것이긴 하지만, 적외선 카메라를 가지고 있다면 모든 사람들이 100와트짜리 전구처럼 빛나는 것을 볼 수 있다.

색상 감지기 전반적으로 인식되는 별의 색상은 별 내층의 열방사로 인한 것이긴 하지만 이러한 색상을 확인하면 별 외층에 어떤 요소가 있는지 파악할 수 있다.

수소, 헬륨, 산소와 같은 특정 성분은 특정 색 패턴을 가지고 있다. 뉴턴이 햇빛을 사용하여 실험한 것처럼 별에서 방출된 빛을 무지개로 굴절시키면 별의 스펙트럼에서 어떤 색이 빠졌는지 확인할 수 있다. 이 위업을 이루기 위해 천문학자들은 거대 망원경을 사용하여 별 하나에 초점을 맞춘 다음 프리즘을 통해 별빛을 내보내거나 회절diffraction(回折, 파동이 장

애물 뒤쪽으로 돌아들어 가는 현상)시켜 스펙트럼을 분리시켰다. 이렇게 과학자들은 누락된 색이 무엇인지 외층에 어떤 요소가 있는지 확인할 수 있게 되었다. 지구에 헬륨이 발견되기 전에 태양에 헬륨이 있었다는 사실역시 이 방법을 통해 알아낼 수 있었다.

행성의 색상 우리 태양계의 행성들은 글자 그대로 초자연적인 색상 층을 보여준다. 색이 주로 핵의 열에너지로부터 기인하는 별과 달리 행성의 색상은 대체로 그 표면이나 대기의 성분에서 비롯된다. 여타 물질들과 마찬가지로 각 행성은 그 구성 성분에 따라 태양의 전자기 방사선을 일정 정도 흡수하거나 반사한다. 해왕성의 자줏빛을 띤 짙은 파란색은 대기의 메탄 성분에 기인하는데, 메탄은 붉은빛을 흡수하고 푸른빛을 반사한다. 붉은 행성인 화성의 붉은빛은 행성의 암석에 포함된 산화철 덕분이다. 그렇다면 주황색 줄무늬가 감싸고 있는 목성은 어떨까? 황화암모늄 때문이다. 우리네 행성의 '파란' 빛은 지구 표면의 70%를 차지하는 물에서 그 색조를 따온 것이다.

수금지화목토천해명

행성의 색은 각 행성의 표면이나 대기가 태양 빛을 반사해서 생겨난다.
아래 그림에서는 태양계의 행성들과 그 색상을 확인할 수 있다.

수성
색상 : 회갈색
표면 : 암석과 먼지

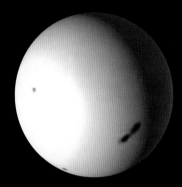

금성
색상 : 노란색
대기 : 황산 구름

지구
색상 : 군데군데 흰색, 녹색, 갈색이
섞여 있는 진파랑
표면 : 수분, 구름, 나뭇잎, 대지

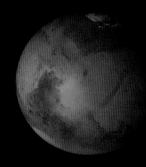

화성
색상 : 녹슨 빨강
표면 : 암석의 산화철

목성
색상 : 붉은 주황, 흰색, 갈색 밴드를
포함하는 탁한 노랑
표면 : 암모늄, 물방울, 빙정(氷晶)

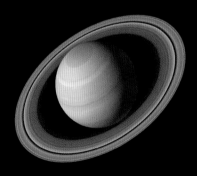

토성
색상 : 황갈색
대기 : 수소, 헬륨, 암모니아, 인화수소,
수증기, 탄화수소

천왕성
색상 : 녹청색
표면 : 메탄가스

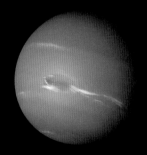

해왕성
색상 : 진파랑
표면 : 메탄가스

하늘에서 펼쳐지는 자연의 광선 쇼 별과 행성은 아주 멀리 떨어져 있기 때문에 육안으로 봐도 그다지 눈이 부시지 않는다. 하지만 밤하늘에서 펼쳐지는 자연의 광선 쇼, 오로라는 지구의 대기에서 위도가 아주 낮거나 높은 지역에서 발견되는데 그 장면이 놀랍도록 감동적이다. 별들과 달리 오로라를 구성하는 가장 일반적인 색상은 바로 녹색이다. 빨강과 분홍, 파랑과 보라도 섞여 있다.

　오로라는 숨이 막히도록 아름다운 색상의 향연을 펼친다. 이러한 색상은 태양의 입자가 지구의 자기장에 부딪혀 충돌하는 원자와 분자를 자극하고, 입자들이 산소, 질소와 부딪힐 때 성분들이 빛나기 시작하면서 드러난다. 오로라의 색상은 충돌이 발생하는 지점의 대기에서, 그 시점에 어떤 성분이 있는지에 따라 다르게 나타난다. 상층부 대기에는 상대적으로 많은 양의 산소가 포함되어 있으므로 산소가 자극을 받아 색을 발현하

게 된다. 대체로 녹색과 붉은 벽돌색이다. 약간 아래의 하층부 대기에는 질소가 더 많이 포함되어 있어 파란색과 선홍색을 띠게 된다.

그렇다면, 하늘은 왜 파란색일까 우주 공간이 가장 어두운 암실보다 더 어두운 것이 사실이지만 실제로 우리 머리 위에 있는 하늘은 수도 없이 변하는 것처럼 보인다. 밤과 낮, 검정과 파랑, 일출과 일몰 사이에 보이는 그토록 많은 색조까지 너무도 다양하다. 이 모든 것들이 대기를 가득 메운 미세 입자들과 연관되어 있다. 입자는 곧 태양 광선을 굴절시키는 표면이다. 태양을 똑바로 볼 수 있다면 모를까 이러한 입자들 없이는 청명한 낮에도 하늘이 검은색으로 보일지도 모른다. 우주인들이 밝은 태양빛을 피하기 위한 만반의 준비를 갖추고 달에 서 있지만 실제로 하늘은 까맣던 사진을 기억할 것이다. 왜 그럴까? 달에는 대기가 거의 존재하지

알래스카 애티건패스 Atigun Pass**의 다채로운 북극광**

태양이 하늘 저 높은 곳에서 수평선 근처까지 떨어지면서 레일리 산란 효과가 극명해진다. 파란 하늘이 노란색으로 변한 다음 주황, 빨강, 분홍, 자주색으로 변하다가 마침내 수평선 저 아래로 떨어지면서 다시 파란색이 된다.

태양은 흰색이지만 레일리 산란 효과를 통해 종종 노란색으로 나타난다. 전 세계 어린이들이 태양을 노란색으로 묘사하는 이유라고 할 수 있겠다.

산만한 정신

햇빛이 대기 중에 가득 찬 작은 입자들에 닿으면 빛의 단파장, 즉 파랑과 보라색이 사방으로 흩어지고 장파장인 빨강, 주홍, 노랑은 소량만 흩어진다. 그 결과, 노란 햇빛과 파란 하늘이 우리를 둘러싸게 되는 것이다. 하지만 햇빛이 물에 닿으면 빛의 모든 파장이 동일하게 흩어지므로 흰색 구름의 형태를 띠게 된다.

레일리 산란 효과
Rayleigh Scattering

않기 때문이다.

　대체로 이러한 입자는 태양 광선의 스펙트럼 전체를 흡수하거나 반사하기에는 너무 작기 때문에 광선이 모든 방향으로 흩뿌려진다. 우리가 파랑이나 자주로 인식하게 되는 빛의 단파장은 극소량만 분산된다. 하지만 이렇듯 보라색 빛이 가장 광범위하게 분산된다고 가정하면 하늘이 왜 자줏빛이 아니라 파란색으로 보이는지 의아해할 수 있을 것이다. 다시 말하지만, 그것은 인간의 눈이 보라색 빛보다 파란색 빛에 훨씬 더 민감하기 때문이다. 실제로 우리는 파란색이 어디에나 있는 것처럼 인식한다. 장파장은 흩어지는 것처럼 보이지 않으므로 태양으로부터 우리 눈에 똑바로 들어오는 것처럼 느껴진다. 우리는 어릴 때부터 태양을 노란색으로 그리도록 배워왔다. 노란색으로 큰 원을 그린 다음 가운데에서 노란색 선이 뻗어 나오는 모양새다. 이 그림은 레일리 산란 효과Rayleigh Scattering의 직접적인 결과물이라고 할 수 있는데, 여기서 레일리는 하늘색의 신비를 풀어 노벨상을 수상한 영국의 물리학자 레일리경의 이름을 따서 만든 것이다.

　때때로 하늘은 다소 진한 파란색이거나 경우에 따라 거의 흰색으로 보인다. 단지 흐린 날뿐 아니라 건조하거나 오염된 지역에서 흰색으로 나타나며, 먼지 입자(또는 오염 물질)가 대기를 둥둥 떠다닐 때 그러하다. 이러한 입자는 대기 물질을 구성하는 일반적인 크기의 입자보다 훨씬 큰데, 이는 빛의 모든 파장을 동일하게 받아 분산시켜 거의 백색의 하늘 모양을 만들어낸다는 것을 의미한다. 거대한 폭우가 입자를 말끔히 씻어내면 하늘은 다시 진한 파란색으로 돌아온다. 즉, 다른 모든 분산 파장이 없어지는 상태가 된다.

　새벽이나 황혼의 빨강, 주황, 분홍 역시 동일한 규칙이 적용된 결과물이다. 지구가 축을 중심으로 매일 자전하므로 이때는 태양이 하루 중 보는 이로부터 가장 멀다. 새벽이나 황혼에는 태양이 근거리에 있을 때 지배적인 빛의 단파장이 완전 분산되어 눈에 닿지 않는다. 대신 빨강, 주

미 산란
Mie Scattering

하여 우리 피부를 보호해주니 오존층을 보존하려 할 수밖에 없다. 이산화탄소는 적외선을 흡수해 대기를 데우므로 온실 효과를 일으킨다. 또한 물방울은 햇빛이 제공하는 가시 스펙트럼 내의 모든 파장을 동일하게 반사시킬 수 있을 만큼 충분히 크다. 그 결과, 흰 구름, 박무, 안개 등이 발생한다. 이때 표시되는 흰색 역시 산란의 결과물이지만 레일리 산란 효과에는 해당되지 않는다. 흰색 하늘과 함께 미 산란Mie Scattering(빛의 파장과 같은 정도 크기의 입자에 의한 빛의 산란)이라는 비선택적 산란을 일으킨다. 미 산란은 독일 물리학자 구스타브 미Gustav Mie의 이름을 딴 것으로, 빛의 각 파장을 동일한 정도로 반사시켜 흰색이 인식되도록 하는 현상이다.

흐리거나 안개가 자욱한 날에 왜 물체가 흐릿하게 보이는지 생각해본 적이 있는가? 이는 흐린 날에는 구름층을 뚫고 적은 양의 빛이 투과되므로 우리가 인식하는 파장의 수가 최소화된다.

황, 노랑의 장파장들만 그 먼 거리를 여행하여 눈에 닿게 된다. 태양 자체는 계속해서 장파장의 속성을 띠므로 이 시간에는 해가 종종 우리 눈에 선홍색 구체로 보이게 된다.

　대기 중을 떠돌아다니는 입자 대부분은 너무 작아서 햇빛으로부터 나오는 모든 파장을 완전히 흡수하거나 반사할 수 없다. 하지만 다양한 종류의 입자들이 서로 다른 종류의 광선을 흡수하거나 반사한다. 일례로 오존층에 있는 분자는 자외선을 흡수한다. 이렇듯 오존층이 자외선을 차단

연기가 자욱한 방이나 어두컴컴한 성당, 안개 낀 숲,
또는 먹구름을 통과하는 아름다운 백색광은
비선택적인 미 산란의 결과물이다.

위 그림에서는 달이 지구의 대기를 벗어났거나(왼쪽 위), 하늘 위에 높이 떠 있거나(가운데 위), 수평선을 향해 움직이는 것처럼 보인다.

달 밤에 밝게 빛을 내는 달 앞에 서 있노라면 좀처럼 믿기 어렵겠지만 실제로 달은 그 자체로 빛을 내지 않는다. 달빛은 햇빛이 달 표면에서 반사되어 나타나는 것이고, 그 색상은 레일리 산란 효과의 직접적인 산물이다. 달이 하늘 높이 떠 있을 때는 희끄무레한 회색으로 보인다. 만약 우리가 지구 궤도 밖에 있다면, 달은 항상 회색으로 보일 것이다. 하지만 달이 입자가 풍부한 지구의 대기 속에서 수평선 근처까지 내려가면 석양과 마찬가지로 레일리 산란 효과가 일어나 거의 주황색으로 변할 수 있다.

달이 저 하늘 높이 둥그렇게 떠 있으면 마치 밤이라도 밝히는 것처럼 보일 수 있지만 실제로는 파란색과 보라색, 거의 회색 색조를 제외하고는 우리가 색을 알아볼 수 있을 정도로 충분한 빛을 반사하지 않는다. 이 역시 대부분 색조의 인식을 담당하는 우리 뇌의 광수용체가 이처럼 조도가 낮은 빛을 감지할 만큼 활발하지 않기 때문이다. 달빛에서는 어둠과 빛, 대비 효과를 감지하는 광수용체인 간상체만이 활동한다.

색의 본질, 무지개 마치 기적의 발현인 듯 보이는 이 둥근 활모양의 무지개는 아주 먼 옛날부터 인간을 즐겁게 하고 매혹시키는 대상이었음이 틀림없다. 무지개는 가히 전 세계의 모든 색을 뛰어넘는 최상의 시각적 유희다. 뉴턴의 원색 스펙트럼은 이 커다랗고 유령처럼 덧없이 사라지는 무지개를 기록했다.

무지개에서 각각의 빗방울, 또는 폭우 전후에 대기에 남아 있는 수분은 마치 프리즘과 같은 역할을 한다. 따라서 프리즘에서처럼 백색광이 빗방울에 닿으면서 전체 가시광선 스펙트럼에서 굴절되거나 구부러진다. 이 광선이 빗방울 안쪽에 닿으면 다시 굴절되어 더 멀리 흩어지면서 마침내 색상이 드러나게 된다.

무지개는 분명 하늘에 고정되어 있지 않다. 빛이 끊임없이 움직이면서 보여주는 찰나의 향연이다. 따라서 무지개는 어느 누구에게도 완전히 똑같은 모습으로 보이지 않는다. 수없이 많은 프리즘이 작동하므로 서 있는 각도에 따라 무지개의 모습이 달라진다. 따라서 모든 무지개가 고유하다.

맨 위에서부터 맨 아래까지 무지개색의 순서는 예상한 대로 장파에서 단파 순으로, 즉 빨강, 주황, 노랑, 초록, 파랑, 보라가 된다. 쌍무지개에서 두 번째 무지개는 좀 덜 구부러진 활모양을 가지며 색상 역시 반대가 되어 보라가 맨 위에, 빨강이 맨 아래에 위치한다. 이렇게 역전되는 이유는 빛이 각 물방울 내부에서 한 번이 아니라 두 번 반사되기 때문이다. 단, 순서에 관계없이 이러한 색 '밴드'는 실제로는 전혀 밴드라고 할 수 없다. 무지개는 색상의 연속적인 스펙트럼이며, 단지 우리 눈의 광수용체 수가 한정되어 뇌에서 대략적인 색상 밴드로 인식하게 되는 것뿐이다.

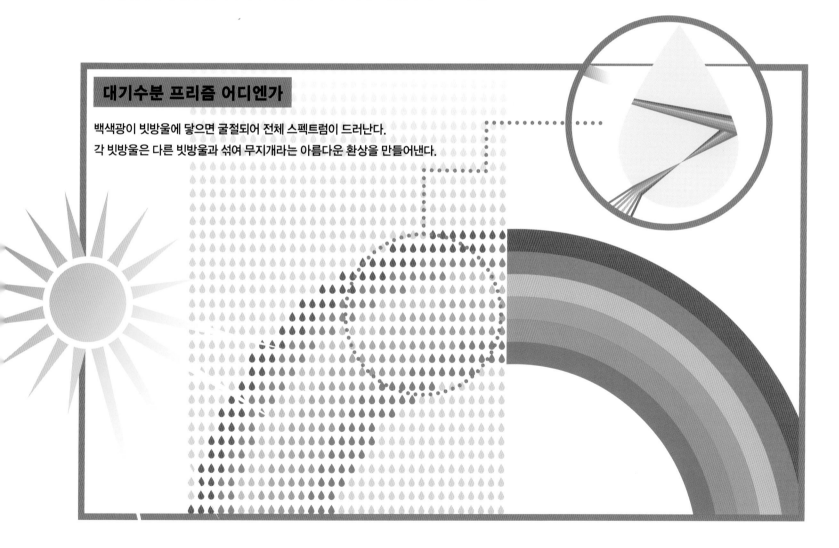

대기수분 프리즘 어디엔가

백색광이 빗방울에 닿으면 굴절되어 전체 스펙트럼이 드러난다.
각 빗방울은 다른 빗방울과 섞여 무지개라는 아름다운 환상을 만들어낸다.

무지개 사냥꾼을 위한 몇 가지 팁

■ 태양을 등지고 서라.

■ 가능한 하늘이 명확하게 보이는 곳에 서라.

■ 무지개 뒤로 어두운 하늘이 나타나길 바라라.

이러한 조건이 적절하게 갖춰지면 아주 선명한 무지개를 볼 수 있다.

주황

지난 천 년 동안 주황색은 이름조차 지어지지 않은 색이었다. 많은 언어에서 가장 마지막, 아니면 마지막으로 이름 지어진 색들 중 하나로 무지개의 이름을 따서 지어졌다. 수많은 원시 부족들은 여전히 주황색의 이름을 지어야 할 필요성을 느끼지 못한다. 물론 주황색은 항상 있어 왔으며 꽃이나 열매, 채소, 동물 또는 일몰의 하늘 등 다양한 형태로 풍성하게 존재해왔다. 사프란 등의 색소는 옷이나 캔버스에서 오랫동안 사용되었으며 국가, 종교적 정체성, 경기 제휴 등을 상징하는 데 이용되었다. 하지만 전 세계적으로 그 위상을 볼라치면 유사한 색인 빨강과는 비교조차 할 수 없었다. 어쩌면 이는 주황색 빛깔이 가진 고유한 특성과 연관된 것일 수도 있다. 연한 주황색은 보통 노란색으로 인식되었고 진한 주황색은 갈색으로 인식되었다. 따라서 실제로 주황색이 그 자체로 보일 수 있는 폭이 매우 좁다고 할 수 있겠다. 물론 그 좁은 폭 속에서도 주황색은 충분히 화려하지만 말이다.

지 않은 선사시대의 DNA를 만들어내는 데 성공하지 못했다.

구피의 사랑 구피는 대략 2~3cm 길이의 작은 물고기로, 전 세계 어디서나 어항에서 지느러미를 가볍게 튀기며 헤엄치는 모습을 쉽게 찾아볼 수 있다. 이 작은 물고기는 다양한 모양과 색상을 가지고 있는데, 지금은 동서남북 어디서나 민물에서 쉽게 발견되지만 최초의 구피는 서인도 제도 최남단의 트리니다드 섬에 살고 있었다.

대부분의 자연산 구피는 지도상에서 발견되는 서식지에 관계없이 동일한 특성을 공유하고 있다. 바로 수컷 구피의 몸 어느 부위엔가 1~5개에 달하는 주황색 점이 있다는 것이다. 외관상 다분히 미용적인 이 특성이 그토록 방대한 지역에 걸쳐 지속적으로 유지되었다는 점은 그 자체로도 충분히 놀랄 만하지만 이 주황색 점에 얽힌 이야기는 더더욱 놀랍다. 주황색은 수컷 구피의 체내 그리고 체외, 두 가지 출처로부터 생겨난다. 체내의 색소는 빨간색을 생성하는 드로소프테린(초파리 눈에서 붉은빛깔을 나타내는 프테리딘 색소의 하나로 빛에 의해 분해되며 빛 수용에 관여하는 것으로 알려져 있음)으로 구성되어 있으며, 체외 색소는 카로티노이드로 구성되어 있다. 카로티노이드는 구피가 해조류, 초식성 곤충, 물 위로 떨어진 나무 열매 등 무엇을 섭취하느냐에 따라 노랑, 주황 또는 빨강으로 나타

자세히 들여다보면 파리 날개의 비늘까지 보인다. 호박은 이런 식으로 잡은 물질을 잘 보존한다.

대까지 거슬러 올라간다. 일부 운 좋은 과학자들은 200만 년 이전의 화석이 들어 있는 호박을 발견하기도 했다.

이렇듯 호박은 아주 훌륭한 '미라 제조기'다. 제물(祭物)의 수분은 제거하지만 조직은 제거하지 않는다. 또한 여기에는 천연 항생 박테리아와 곰팡이가 포함되어서 부패를 막는 역할을 한다. 고대 이집트인들은 이러한 송진의 장점을 잘 알고 있었던 것이 틀림없다. 후세에 남기기 위해 귀족들의 미라를 만들 때 송진을 사용했으니 말이다.

과학자들은 호박이 제공하는 이 특별한 선물을 통해 생물의 역사에 대해 온갖 종류의 정보를 모을 수 있었다. 하지만 호박과 관련해서 가장 널리 알려진 가설은 여전히 규정하기 어려운 상태였는데, 마이클 클라이튼 Michael Crichton의 소설 『쥬라기 공원Jurassic Park』을 보면 공룡의 피를 삼킨 모기가 호박 속에서 완벽하게 보존된다는 아이디어를 기정사실화했다. 정말 그렇다고 한다면 과학자들이 모기가 빨아들인 피에서 DNA만 추출하면 실제 공룡을 재창조할 수 있는 열쇠를 쥐게 될 것이다. 하지만 정말 그렇게 될까? 애석하게도 전 세계적으로 시행된 실험을 통해서도 훼손되

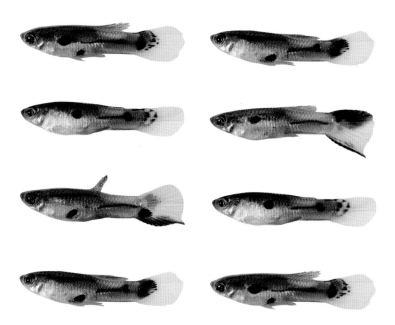

육안으로는 수컷 구피들의 주황색 점의 차이를 쉽게 볼 수 없을지 모른다. 하지만 암컷 구피들은 그 차이를 확실하게 알 수 있으리라.

다른 어종

인간은 수천 개에 달하는 주황색 계통을 구분할 수 있다. 하지만 그보다 훨씬 많은 엄청난 개수를 구분할 수 있는 구피에 비하면 그야말로 아무것도 아니다. 물론 주황색을 전혀 구분하지 못하는 박쥐에 비하면 꽤 괜찮은 편이긴 하지만 말이다.

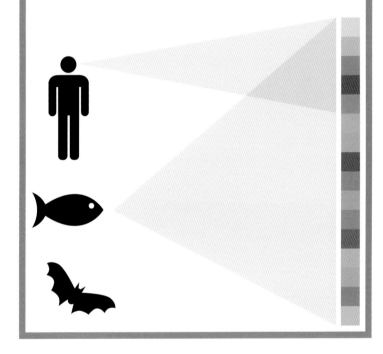

니는데 자외선에 민감한 광수용체를 포함하여 최대 11개를 보유하고 있다. 반면 인간은 겨우 3개의 광수용체를 지니고 있다. 암컷 구피들이 지닌 광수용체의 개수와 종류에 따라 암컷들이 매료되는 주황색 색조가 달라진다. 진한 주황색에 민감한 광수용체라면 진한 주황색 점을 가진 수컷에 매료될 것이고, 빨간색에 더 민감한 광수용체를 가졌다면 빨강에 가까운 주황색 점이 있는 수컷을 찾을 것이다.

오렌지 정당 네덜란드에 가본 적이 있다면 주황색이 얼마나 많은지 알 수 있을 것이다. 네덜란드의 축구 경기를 참관해보라. 아마 주황색이라면 진절머리가 날 것이다. 그야말로 주황색 일색이다. 아이러니한 것은 오늘날 네덜란드 국기에서는 주황색을 찾아볼 수 없다.

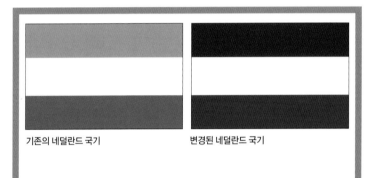

기존의 네덜란드 국기   변경된 네덜란드 국기

재구성

오늘날 네덜란드 국기에서는 17세기 중반까지 깃발을 장식하던 주황색 줄무늬를 더 이상 찾아볼 수 없다. 당시 아직 안정적이지 않은 염색 기술 때문에 주황색이 종종 빨강으로 표현되다 보니 실용적인 이유로 주황색이 빨강으로 변경된 것이다. 하지만 뉴욕시 깃발은 여전히 네덜란드에서 가져온 주황색 줄무늬를 그대로 사용 중이며 아일랜드 국기 역시 계속해서 주황색 줄무늬를 게시하고 있다.

뉴욕시 깃발   아일랜드공화국 국기

날 수 있다.

이 주황색 점은 노랑에 가까운 주황에서 빨강에 가까운 주황까지 다양하게 나타나는데, 드로소프테린과 카로티노이드가 어느 정도 포함되었는지에 따라 달라진다. 각각의 특정한 주황색 색조별로 이를 따르는 암컷 추종자가 있기 마련이지만 자연과 균형을 맞춰가며 그에 맞는 색상을 만들고 적합한 짝을 찾아내기란 결코 만만한 일이 아니다. 예를 들어, 수질에 따라 어떤 물에서는 다른 물에서보다 해조류에 포함된 카로티노이드가 더 풍부해서 주황색 점이 있는 구피들이 지속적으로 환경에 적응해야 한다. 이렇듯 카로티노이드가 풍부한 환경에서는 올바른 색을 내기 위해 드로소프테린을 더 많이 생성해야 한다.

암컷들의 색 선호도가 다양한 것은 그들의 뛰어난 색각, 즉 색 식별 능력에 기인한다. 구피들은 색상을 감지하는 광수용체를 최소 4개 이상 지

윌리엄공은 오늘날 주황색 채소 당근을 전 세계 어디서나 찾아볼 수 있도록 하는 데도 일조했다. 오렌지공 윌리엄을 기리기 위해 네덜란드 원예사들이 일종의 헌화의 의미로 주황색 당근을 만들기로 했다. 이후 선별적인 번식을 통해 결국 주황색 당근을 만들어냈다.

이 이야기는 어느 정도 사실이다. 하지만 그게 다는 아니다. 16세기 이전에는 주황색 당근이 쉽게 계획하거나 재배할 수 있는 안정적인 변종에 속하지 않았다. 역사적으로 당근은 보통 노랗거나 빨갛거나 자줏빛을 띠었지만, 미술사학자들에 따르면 주황색 당근이 실제로 존재했었다. 이에 대한 시각자료 증거는 1세기까지 거슬러 올라간다. 물론 당시에는 아직 주황색 자체에 이름이 지어지지 않았으므로 '황적색(노란빛을 띤 빨강)'이라고 불리긴 했지만 말이다.

물론 네덜란드인들이 이 주황색 당근을 심고 원하는 만큼 다시 씨를 뿌려 재배하는 데 성공함으로써 단순히 채소에서 국민적 자부심으로까지 끌어올리긴 했다. 하지만 오렌지공 윌리엄이 우리가 좋아하는 이 당근 반찬에 대해 어떤 공로가 있다고 주장할 수는 없으며 그렇다고 이 땅에서 주황색 당근이 주를 이루었다고도 말할 수 없다.

14세기 문서, 『타퀴넘 사니타티스』의 당근 삽화. 주황색 당근이 영국의 오렌지공 윌리엄 이전에도 실재했었다는 것을 증명해준다.

그렇다면 도대체 무엇이 문제일까? 주황색에 대한 충성은 17세기 네덜란드를 세운 오렌지공 윌리엄William of Orange, 즉 오렌지 왕자Prince of Orange 시절로 거슬러 올라간다. 그는 침묵공 윌리엄William the Silent으로 불리기도 했지만 종교의 자유에 대한 신념에는 결코 침묵하지 않았다. 일부는 그러한 소신이 루터 교도로 자랐음에도 지위와 재산을 얻기 위해 가톨릭으로 개종한 그의 배경에서 나온 것이라고 말한다. 이유가 무엇이든 윌리엄공은 기독교인에 대한 네덜란드의 처우에 분개하여 당시 네덜란드를 지배하던 스페인에 항쟁하며 대량 학살의 위기에 놓인 수많은 네덜란드인을 구했다. 덕분에 네덜란드가 독립 국가로 설 수 있었다. 주황색은 자신의 종교적 신념뿐 아니라 횡포한 스페인 왕에 대항해 싸운 동명의 인물을 통해 영원히 네덜란드의 상징으로 자리 잡게 되었다.

당근은 감자 다음으로 전 세계에서 두 번째로 잘 알려진 채소다. 오늘날에는 수백 가지의 변종이 재배되고 있지만 주를 이루는 것은 역시 주황색 당근이다.

윌리엄 3세|William III, 초상화 토마스 머레이|Thomas Murray

피는 못 속인다

오렌지 왕자는 현재 남프랑스에 있는 오렌지 대공에게 따라다니던 칭호로 네덜란드 왕위 상속자인 오렌지-나소Orange-Nassau 가문의 구성원들이 소유했다. 다음은 이 칭호를 가진 윌리엄가의 계보다.

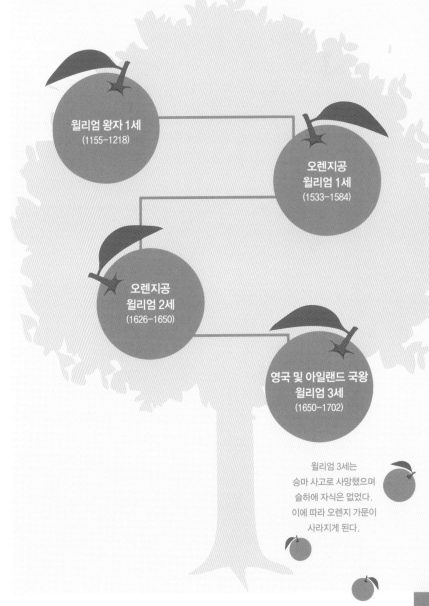

윌리엄 왕자 1세
(1155-1218)

오렌지공
윌리엄 1세
(1533-1584)

오렌지공
윌리엄 2세
(1626-1650)

영국 및 아일랜드 국왕
윌리엄 3세
(1650-1702)

윌리엄 3세는
승마 사고로 사망했으며
슬하에 자식은 없었다.
이에 따라 오렌지 가문이
사라지게 된다.

오렌지공 윌리엄 3세는 1689년부터 1702년까지 영국과 스코틀랜드, 아일랜드의 왕이자 오렌지공 윌리엄의 증손자로, 역시 본인의 이름과 관련된 색상을 대중화하는 데 일조했다. 많은 사람들이 녹색을 아일랜드와 연관시키지만 이는 단지 아일랜드 가톨릭에 한정된 것이다. 아일랜드 출신 개신교도들은 이와 입장이 달랐는데, 윌리엄 3세에 대한 경의의 표시로 주황색을 채택했다. 윌리엄 3세 역시 그의 증조할아버지와 같이 개신교도로서 종교의 자유를 믿고 아일랜드의 개신교도들을 위해 항쟁했다. 그의 군대는 윌리엄 이전 왕인 가톨릭교인 제임스 2세에 대항하여 승리를 거두었다. 그의 통치 기간 중에는 1689년 권리장전이 선언되어 왕조의 개신교 시민들에게 종교의 자유과 시민의 권리를 부여하기도 했다.

오늘날에도 오렌지 당에 의해 윌리엄 3세의 유산이 이어지고 있다. 오렌지 당은 북아일랜드의 개신교도 공제 조합으로, 그 회원은 오렌지 당원으로 불린다. 윌리엄의 모든 군인들은 주황색 띠를 둘렀는데, 오늘날에도 오렌지 당원들은 주황색 띠를 두르고 가두 행진을 벌이곤 한다.

오렌지 당이 윌리엄 3세가 목숨을 걸었던 시민의 권리와 종교의 자유를 수호하는지 여부는 논쟁의 여지가 있다. 이 조직은 가톨릭 신자를 받

로스앤젤레스, 빅 오렌지

윌리엄 3세를 기리는 차원에서 뉴욕시를 '뉴 오렌지'로 줄여 부르기도 한다. 이 명칭은 제3차 영국−네덜란드 전쟁에서 네덜란드가 승리한 후 1673년에 변경되었다. 하지만 1년 만인 1674년의 웨스트민스터 조약 이후에 이 도시가 다시 영국군에게 돌아가자 뉴 오렌지가 다시 뉴욕이 되었다.

오렌지 당원들이 1690년의 보인 전투Battle of the Boyne를 기리기 위해 북아일랜드의 벨파스트를 통과하여 행진 중이다. 이 전투에서는 오렌지 가문의 개신교도 윌리엄 왕이 로마 가톨릭의 제임스 왕을 물리쳤다.

사프란

지 않으며 심한 편견과 교파주의로 비난받아 왔다. 하지만 한 가지 분명
한 것은 오렌지공 윌리엄, 윌리엄 3세, 오렌지 당으로 인해 주황색이 역
사적으로나 사회적으로 중요한 의미를 지니게 되었다는 점이다.

지구상에서 가장 값비싼 향신료 크로커스crocus를 자세히 들여다보면 가
루처럼 생긴 정교한 주황색 덩굴손이 보일 것이다. 사프란은 크로커스의
한 종(種)이며 암술머리라고도 하는 이 덩굴손은 향신료와 사프란 색소의
원료가 된다. 사프란 1파운드를 만들려면 2만 개의 엄청 큰 암술머리가
필요하다. 원료가 되는 크로커스는 가을 꼭두새벽에 손으로 직접 따야
하는데, 태양 빛에 닿으면 이 섬세한 꽃이 사그라지고 소중한 암술머리
가 시들어버리기 때문이다. 크로커스 꽃에는 암술머리가 겨우 3개씩 들
어 있으며 전 세계에서 가장 값비싼 향신료가 된 이유도 바로 이것이다.

사프란은 다른 향신료들과 달리 극동 지역이 아닌 지중해에서 나온 것
으로, 최소 5만 년 전 이라크의 한 동굴 벽화에서 그 흔적을 찾아볼 수 있
다. 고대 그리스 여인들은 사프란으로 옷을 염색하는 것을 즐겼다. 로마
인들은 목욕할 때 사프란을 사용해 향수처럼 공기 중에 뿌렸다. 사프란

향신료 가격

향신료	가격
사프란	364달러
바닐라	8달러
정향	4달러
카더몬(소두구)	3.75달러
후추	3.75달러
백리향(타임)	2.75달러

*향신료 1온스 가격(미국 달러), 2013년 시장 가치 기준

불교도들이 입는 예복에 사프란 색을 선택했지만
실제로 사프란으로 옷을 염색한 것은 아니다.
대신 강황과 잭푸르트Jack Fruit라는 열대 과일이 주로 사용된다.
실상 종교인으로 세상 재물을 멀리하려면 파운드당 5천 달러를
호가하는 사프란을 선택하지는 않으리라.

색소는 중세의 필사본을 이해하는 데 일조했으며 오랜 세월 동안 의약용으로도 다양하게 사용되어 왔다. 치통을 치료하고 흥분제나 최음제로 사용되며 성생활에 흥미를 돋우었다.

형광 주황색 낮 동안에는 노란색이 가장 눈에 잘 띄지만 일단 해가 뜨거나 지기 시작하면 주황색이 우리의 시선을 가장 사로잡는 색이 된다. 거기에 파란 하늘이나 바다, 얼음 배경이라도 추가할라치면 형광 주황색이 그 어떤 색보다 눈에 잘 띄게 된다. 바로 이것이 주황이나 형광 주황색이

형광 주황색의 교통용 기구

구명조끼나 구명 기구, 고무보트, 기타 응급 장비에 가장 많이 사용되는 이유이기도 하다. 형광색은 멀리서도 빛을 발하며, 특히 새벽이나 해질녘 자외선이 가장 풍부할 때 가장 도드라진다. 이에 따라 건설용 도로 교통 표지나 추종 장치, 죄수복, 교통경찰이나 교통 정리원이 걸치는 조끼에 형광 주황색이 사용된다.

한 묶음의 사프란 가닥

황토색 경사 부분과 조화를 이루면서 물과 하늘을 배경으로 눈에 잘 띄도록 칠한 진한 주황색의 샌프란시스코 금문교는 아마 전 세계에서 가장 기념할 만한 주황색 랜드마크일 것이다. 이 색은 '국제 오렌지색'이라는 이름의 페인트로, 정기적인 마무리 작업에 사용되었는데 마지막 색칠 작업은 1980년대에 완료되었다.

지구의 다양한 지형을 그린 조감도에는 갈색 먼지, 다양한 색상의 자갈, 베이지색 모래, 푸른 바다의 소용돌이, 흰 눈 덮인 산들이 포함될 것이다.

지구의 표면은 아마도 이렇듯 연한 회색에서 검은 갈색에 이르는 '난색조'로 가득 차게 될 것이다. 하지만 지구의 표면은 미국 미시간 주의 칼라마주부터 아주 멀리 떨어진 팀북투까지 무지갯빛 결정석과 빙하에서 만들어진 아콰마린 풀, 그리고 먼지 추출물의 갈색과는 거리가 먼 빨강부터 보라까지 다양한 스펙트럼에 걸쳐 있는 아름다운 토양을 포함하여 다양한 색상이 산재해 있다. 이러한 색상은 지구상에 생물이 존재하기 전부터 설계된 자연의 첫 번째 지도였으며 동물들이 색상을 구분할 수 있는 시야를 가지게 되면서부터 이 세상에 드러나기 시작했다.

물이 그려낸 수벽으로 에워싸인 수영장에서 진정한 파란색 물줄기를 찾아보기는 매우 어렵다. 수양버들 사이로 흐르는 물줄기는 이끼로 뒤덮인 녹지를 지나거나 흑색에 가까운 겨울날의 호수를 흐르거나 진흙탕에나 어울릴 법한 작은 개울을 거쳐 가끔은 파랗거나 아름다운 물색에서 짙은 황록색에 이르는 바다까지 다양한 색상을 입는다.

　수소와 산소로 구성된 물 분자는 빨강, 주황, 노랑 빛을 흡수하고 파랑, 녹색 빛을 반사한다. 물이 일반적으로 청록색 빛을 띠는 주된 이유다. 물은 빛을 흩뿌리고 반사하거나 반사 속성을 지닌 물질들로 가득 차 있다. 하늘의 색, 물에 있는 파도의 양, 그리고 하루 중, 연중 어느 때인

지에 따라 물의 색상이 달라질 수 있다.

　물줄기에는 해조류, 미생물, 침전물 그리고 그와 연관된 미세하거나 극적인 색채 전이가 발생한다. 예를 들어, 암분(岩分), 즉 빙하 침식에 의해 생성된 실트silt(모래보다는 미세하고 점토보다는 거친 퇴적토)가 강으로 유입되면 그 혼탁함으로 인해 강이 회색이나 흰색으로 변하게 된다. 하지만 상대적으로 잔잔한 호수에 유입되면 생기 넘치는 청록색으로 변할 수 있다. 바로 하늘을 하늘색으로 변화시키는 레일리 산란 효과의 결과물이다(62페이지 참조).

　해조류는 빨강, 황록색에서 청록색, 갈색에 이르는 다양한 색상을 가

스코틀랜드 북부의 스카이 섬 글렌 브리틀Glen Brittle에 있는
깊은 풀강은 너무 투명해서 바위 아래에 있는 모든 윤곽조차
드러나 보일 정도다.

지며 해조류가 서식하는 물의 색상을 온통 바꿔버릴 수 있다. 홍해, 핑크호Pink Lake(캐나다 퀘벡 주에 있는 호수), 적조현상 등은 모두 해조류의 색상을 따라 풍선껌 핑크색부터 밝은 주황색, 자홍색에서 갈색을 띤 적색까지 여러 가지로 물의 색상을 변화시킨다.

아마존 강의 히우네그루Rio Negro('검은 강'이라는 의미로 갈색보다 검정에 가깝다) 지역은 지구상에서 갈색 물줄기를 가장 많이 발견할 수 있는 곳 중 하나로, 그 색은 부패한 식물이 부서지면서 생긴 것이다. (부패 물질이 물에 들어오는 대부분의 빛을 흡수하여 검은색을 만들어낸다.)

이러한 물질이 상대적으로 덜 들어있는 물줄기—소금기가 많은 물의 경우 소금은 색상에 영향을 미치지 않는다.—는 그 표면부터 수심까지 아름다운 파란색으로 나타난다. 여기서는 그 어떤 것도 물을 통과하는 빛의 파장을 방해하지 않는다. 아주 투명한 물에서는 레일리 산란 효과도 작용하여 청색광이 이동함에 따라 물줄기에 강렬한 푸르름을 선사한다.

물의 원래 색조와 상관없이 우리가 물줄기에서

그토록 많은 흰색 파도와 포말을 보게 되는 이유는 무엇일까?

물론 빛 산란 효과가 작용한 것이다. 이 경우 원형 물거품도 적용된다.

각각의 물거품이 마치 풍선껌을 부는 들뜬 아이들처럼

무지개나 빛을 분산시키지만 거품이 많은 경우에는

그 파장으로 인해 백색광이 형성된다.

오른쪽 그림에 보이는 하얀 눈은 확대경으로 본 위 그림의 부드러운 결정체에서 부딪혀 반사된 빛의 풀 스펙트럼이다.

눈과 산란 효과　물은 정해진 형체 없이 자기 모습을 마음대로 바꾼다. 액체, 가스, 고체 상태인지에 따라 그 형태나 반사 양식이 다양하다.

방금 내린 눈이 얇게 덮여 있는 밖으로 나가 보면 그야말로 '눈이 부셔 제대로 볼 수 없게' 될 수 있다. 햇빛이 눈을 비추면 전체 파장이 거의 그대로 우리를 향해 반사된다. 눈은 마치 올림픽 탁구 경기에 나간 선수들처럼 빛을 튕겨내는 작은 결정체로 만들어져 있다. 이렇듯 표면에 부딪혀 반사된 빛은 밀도가 낮은 눈을 쉽게 통과한다.

빛이 빙하를 비출 때는 눈의 표면에 부딪혀 반사되는 것과 달리 빛을 전혀 튕겨내지 않는다. 대신 빛이 빙하의 단단한 결정체 내부에 갇혀 스펙트럼에 있는 모든 색상으로 굴절된다. 이때 스펙트럼의 빨간색 쪽에 있는 빛의 저에너지 파장은 느슨하고 성기게 압축된 결정체에 의해 흡수되는 반면 스펙트럼상의 파란색과 보라색 쪽에 있는 고에너지 파장은 흡수되지 않는다. 그 결과, 빙하의 청록색이 만들어지게 된다. 이러한 색은 산란 효과가 가장 강력한 빙하의 금이나 틈새에서 더욱 선명하게 드러난다.

우리가 빨강이나 주황으로 인식하는 빛의 파장은 뉴질랜드 태즈먼 빙하의 성긴 결정체를 통과하기에는 에너지가 너무 적다. 여기서는 우리가 초록, 파랑, 보라로 인식하는 고에너지 파장만 통과시켜 놀랍도록 아름다운 청록색을 창출해낸다.

영원한 반석 광물질은 암석의 기초적인 구성 요소로 지구의 맨틀 내부에서 형성된 후 그 껍질을 밀어 올려 화산이나 화성암을 생성한다. 그 과정은 매우 노동 집약적이지만 지구는 40억 년 동안 이 같은 방법으로 암석을 만들어왔다. 이러한 광물질로 구성된 암석은 마치 우리 피부의 표층에서 벗겨지는 마른 조각들처럼 지구 상층부의 껍질을 형성한다.

이렇듯 지구 상층부를 구성하는 많은 암석들은 한때 액체나 용해된 형태로 지구의 표면 아래를 흐르는 마그마성 물질이었다. 액체 상태에서는 광물질이 서로 다른 압력과 온도에 노출됨에 따라 다양한 모습을 띠었다. 또한 껍질 위에 형성되었는지 아니면 그 아래에 형성되었는지 여부, 다양한 광물질의 집합체, 그리고 그러한 광물질 간의 관계가 어떠한지에 따라 다양한 유형의 암석이 만들어졌다. 거의 모든 종류의 암석이 수많은

색상을 띠고 있으며, 이러한 색상은 어느 정도 암석을 지배하는 온도와 압력, 전이 금속(주기율표에 있는 요소 집합)의 존재 여부에 따라 결정된다.

암석이 액체, 소위 용해 상태일 때는 특정한 화학적 구성을 띤다. 암석은 특정 온도에서 녹기 시작해서 점차 딱딱해지는데(동결), 그 온도는 암석을 구성하는 성분에 따라 달라진다. 빙점에 도달하면 암석이 냉각되는 속도에 따라 번갈아가며 다양한 광학 성분이 암석의 광물질을 채우는데, 좀 더 빠르거나 느리게 냉각이 진행되면서 색상이나 광학적인 효과가 추가된다. 이산화규소 분자가 용해되면 석영이 생성되고 화산 분출물로 인해 빠르게 동결되면 불투명한 흰색 암석이 만들어질 수 있다. 동일한 용해물이 천천히, 그것도 백만 년이 넘는 시간 동안 아주 천천히 동결되면 그 분자가 질서정연한 육면의 결정체 구조로 배열되면서 맑은 수정 결정

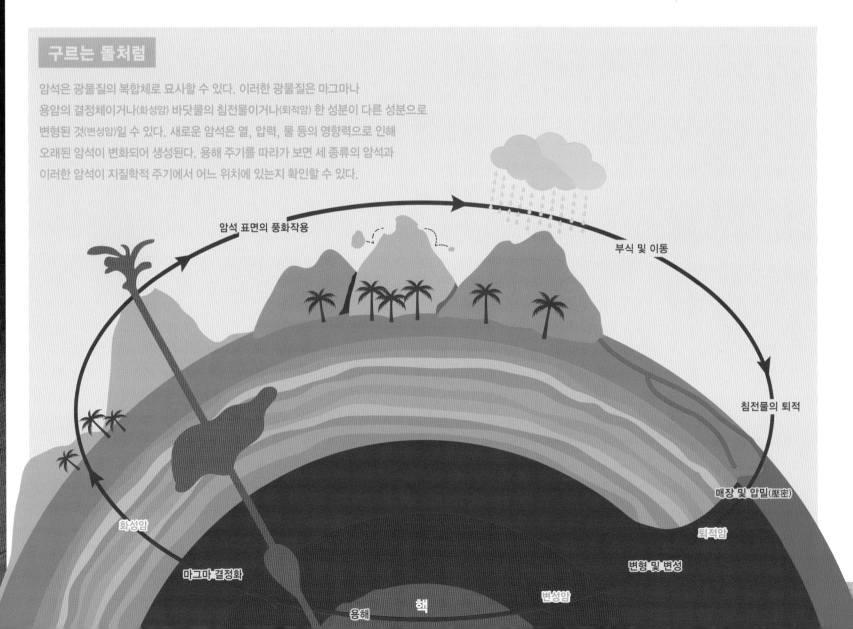

구르는 돌처럼

암석은 광물질의 복합체로 묘사할 수 있다. 이러한 광물질은 마그마나 용암의 결정체이거나(화성암) 바닷물의 침전물이거나(퇴적암) 한 성분이 다른 성분으로 변형된 것(변성암)일 수 있다. 새로운 암석은 열, 압력, 물 등의 영향력으로 인해 오래된 암석이 변화되어 생성된다. 용해 주기를 따라가 보면 세 종류의 암석과 이러한 암석이 지질학적 주기에서 어느 위치에 있는지 확인할 수 있다.

암석 표면의 풍화작용

부식 및 이동

침전물의 퇴적

매장 및 압밀(壓密)

퇴적암

변형 및 변성

변성암

마그마 결정화

용해

핵

체가 형성된다. 그 색은 회색에서 장미색에 이르기까지 다양할 수 있다.

모든 광물질에는 고유한 화학적 구성이 있다. 하지만 압력을 받으면 광물질의 내부 구조가 확장되거나 당겨지거나 구부러져 변형된다. 새롭게 변형된 구조는 원래 구조와는 다른 방식으로 빛을 반사한다. 투명하거나 반투명한 형태의 석영이 산맥 형성과 같은 구조상의 힘으로 인해 변형되는 경우 완전 불투명한 규암으로 변형되는데, 이때 암석의 수정 같은 구조가 구부러지게 된다.

거기에다 암석의 동결 속도, 암석에 가해지는 압력 그리고 액체의 온도가 암석의 색상에 영향을 미치게 된다. 암석에 가해지는 열에 따라 암석에 다른 성분이 추가되는 경우 암석의 구성이 변경될 수 있다. 강화제 enrichments라고 불리는 이 요소는 암석의 색상을 투명한 색부터 자주색으로까지 변화시킬 수 있다. 석영의 경우 용해 물질에 미량의 망간이 들어가면 투명한 석영이 자수정으로 변한다.

암석의 광맥은 다음과 같이 연관된 두 현상 중 하나의 결과물이다. 암석이 형성되는 동안 가스나 액체가 지각의 균열을 뚫고 올라왔거나, 암석의 광맥에 흐르는 액체에 이온이나 분자가 첨가된 경우다.

그렇다면 모래의 다양한 색은 암석과 어떤 관계가 있을까? 모래는 그저 입상 형태의 광물 또는 광물 집합에 해당한다. 일부 입자는 규사와 같은 순수한 단일 광물질로 구성되고 일부는 다수의 광물질로 구성된다. 모래가 되려면 광물이 특정한 크기까지 마모되어야 한다. 각각의 입자는

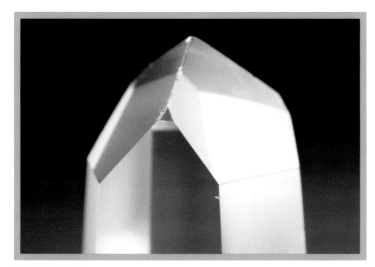

투명한 수정 결정체

불투명 결정체 중 하나인 백색 규암

자수정은 망간이 풍부한 일종의 석영이다.

대리석은 변성암, 즉 열이나 압력으로 인해 일정 시점에 한 형태에서
다른 형태로 변형된 암석으로 다양한 색상을 띤다.
그중 일부는 암석의 광맥에서만 발견되기도 한다.
이온, 마그네슘, 이산화규소는 강화제의 몇 가지 예로,
대리석의 색상을 로마에서 미국의 파시퍼니 지역까지 많은 지역의
건축물에 사용되어 완벽한 색조로 변화시키는 역할을 수행한다.

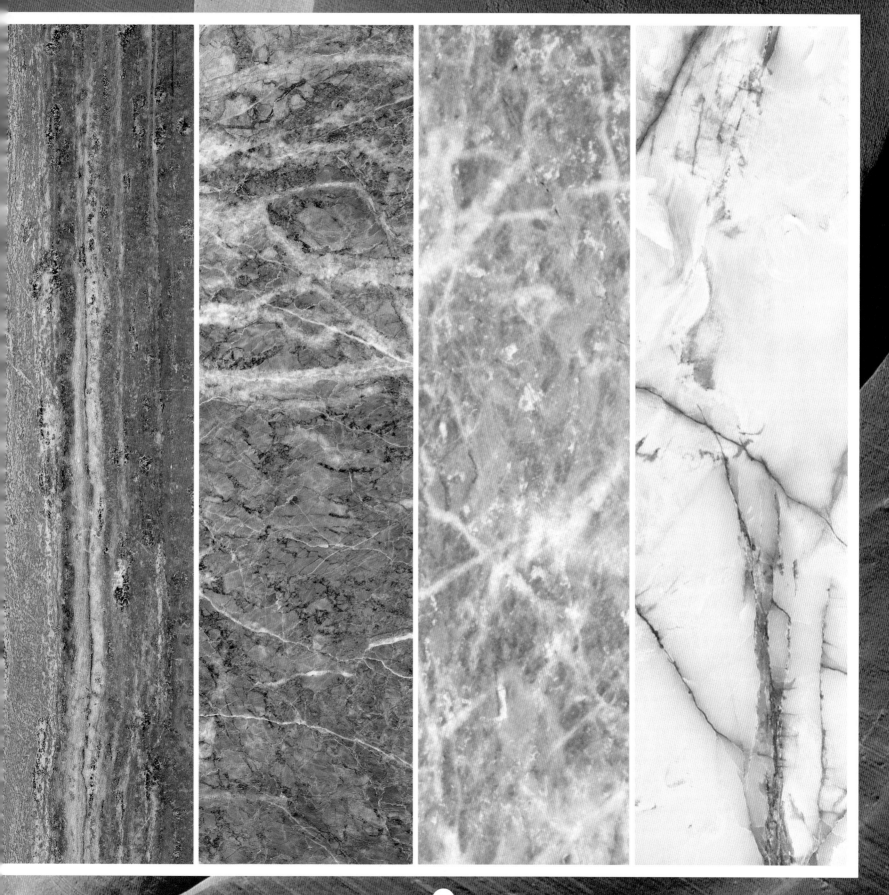

우리는 흔히 모래가 베이지색이라고 생각하지만 실상은 모래를 구성하는 서로 다른 광물을 통해 다양한 색상으로 나타난다.

토사보다 작은 0.0625밀리미터에서 자갈보다 큰 2밀리미터 사이의 크기에 해당해야 한다.

보석의 탄생   보석과 일반적인 암석과의 차이는 무엇일까? 보석은 특별히 더 반짝이는 광물질로, 다이아몬드처럼 규칙적인 배열을 가진 순수 결정성 양식이든 오팔처럼 정돈되지 않은 무질서한 양식이든 그것이 빛을 굴절시키는 방식으로 인해 매우 아름답다.

결정성 보석의 경우 모든 원자가 소위 '정향성'—구성광물의 형태나 결정격자의 방향에서 일정한 방향의 배열이 생성되는 성질—을 갖는다.

이 방향은 예측 가능하므로 지구 어느 곳에서 발견되든지 동일한 특정 결정성 보석 구조로 되어 있다. 따라서 쉽게 알아볼 수 있으며 눈에 띄는 패턴을 보인다. 93페이지에 실린 아름다운 자수정은 일종의 석영으로 이러한 '정향성'을 가진 보석 중 하나에 해당한다. 자수정의 여섯 면은 종종 육면 피라미드 모양이 덮여 있어 놀랍도록 아름다운 광경을 연출한다. 사람들이 천 년이 넘는 긴 시간 동안 자수정과 그 비슷한 보석들을 쫓아다니는 것도 당연하다.

전 세계에서 발견되는 믿을 수 없을 만큼 다양한 보석 색상을 생각해 보라. 우리는 강화제와 광학적 효과라는 두 가지 현상에 감사해야 할 것

광택내기

물에 젖은 암석이 마른 암석보다 화려한 이유는 무엇일까? 그 차이는 비선택적 산란에서 비롯된다. 자연에서 발견되는 대부분의 암석은 크기에 관계없이 그 표면이 거칠다. 이에 따라 어느 정도는 빛을 산란시킨다. 하지만 표면이 젖어 있으면 이러한 빛 산란 효과를 감소시켜 암석의 보다 미세한 부분까지 드러나게 된다. 암석이나 보석을 닦아 윤을 낼 때도 마찬가지 상황이 발생한다. 표면을 매끄럽게 만들면 돌의 세세한 부분을 보다 정밀하게 볼 수 있다.

커팅, 색상, 투명성, 그리고 비용!

보석	가격
에메랄드	2,400~4,000달러
루비	1,850~2,200달러
사파이어	900~1,650달러
자수정	10~25달러
진주	5달러

2010년 1월 미국 기준으로, 깎은 원석에 대해 캐럿당 대략적인 도매가에 해당한다.
출처 : 미국 지질연구소 광물 자원 프로그램

이다. 앞서 언급한 대로, 돌에 아주 적더라도 강화제가 들어 있으면 투명한 색상에서 형형색색의 화려한 색상으로 변할 수 있다. 동일한 강화제가 서로 다른 두 가지 광물에 들어 있는 경우에는 사실상 가시 스펙트럼상의 모든 색상으로 나타날 수 있다. 종종 무색을 띠는 녹주석, 베릴륨 규산염 광물에 약간의 크롬 이온을 첨가하면 에메랄드를 얻을 수 있다. 동일한 양의 크롬을 강옥에 첨가하면 첨가한 양에 따라 유리나 시멘트 등의 원료가 되는 매우 단단한 규산알루미늄, 또 다른 무색 광물이 되고 종국에는 루비를 얻을 수 있다. 아주 소량의 티타늄, 철분, 마그네슘 또는 구리 이온을 첨가하면 사파이어를 얻게 된다.

녹주석 + 크롬 = 에메랄드

강옥 + 크롬 = 루비

강옥 + 철분(또는 다른 철분) = 사파이어

보석은 종종 한 밴드의 가시광선을 매우 강력하게 반사시켜 특별히 밝고 아름다운 광채를 낸다. 철분 강화제를 사용하면 빨강, 초록, 노랑 그리고 아콰마린(남옥) 보석과 같은 파랑 색상을 낼 수 있다. 크롬 강화제는 루비나 반짝이는 벽옥에서와 같은 빨강과 녹색 빛을 낸다. 구리 강화제는 공작석(말라카이트)이나 터키석의 밝은 녹색과 파랑 색상을 낸다. 망간의 경우 마젠타 전기석이나 자수정에서 볼 수 있는 빨강, 분홍, 주황 색

광물질 보석

구리, 크롬, 망간, 철분은 놀랍도록 다양한 보석의 색상을 내는 강화제들이다. 대부분의 경우 광물에 극소량의 철분만 첨가해도 무색에서 강렬한 형형색색의 다양한 색상을 낼 수 있다.

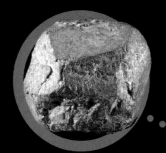

구리

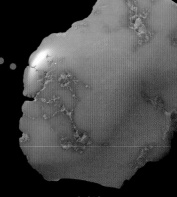

터키석

아콰마린

사파이어

공작석

철

석류석(가넷)

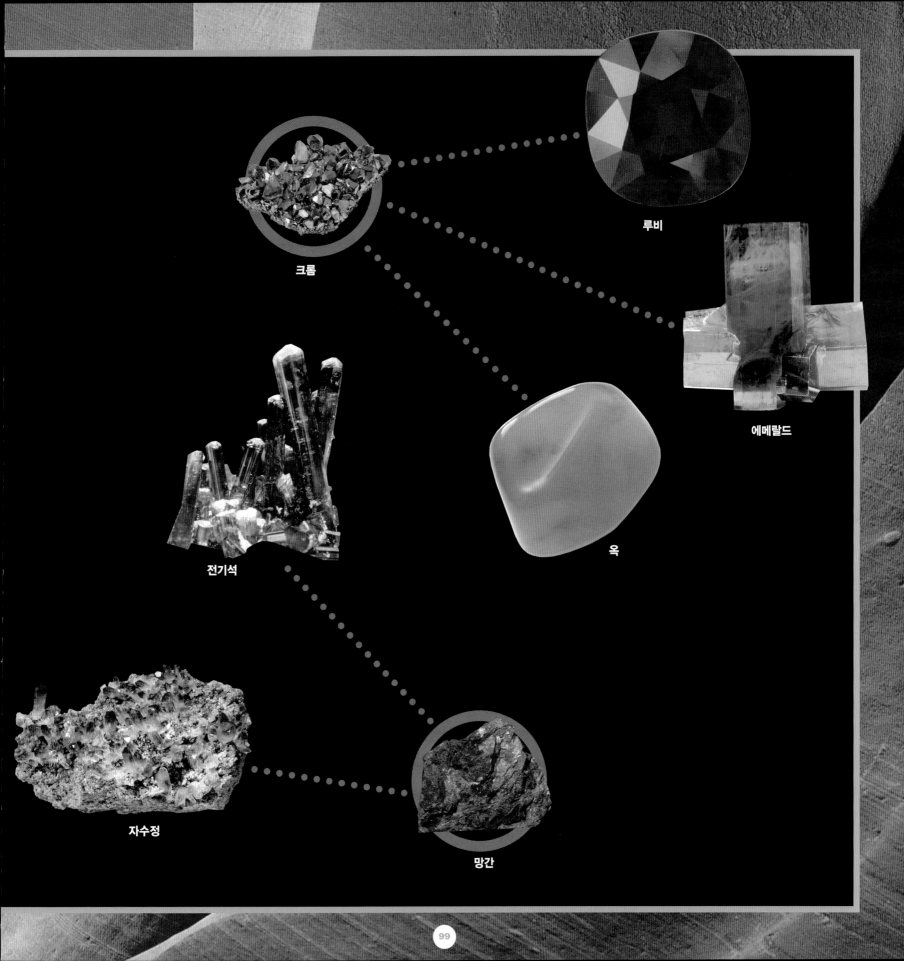

루비

크롬

에메랄드

옥

전기석

자수정

망간

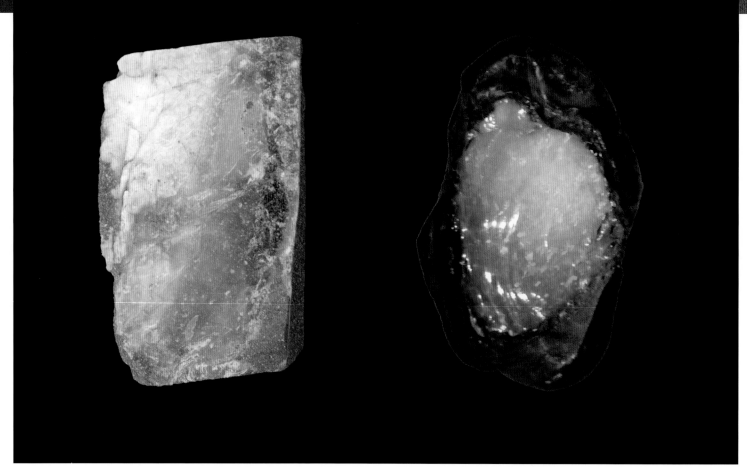

오른쪽에 있는 오팔은 다양한 무지개색을 띠고 있지만 왼쪽의 오팔은 그보다 색이 적은 것을 볼 수 있다.

상을 낸다.

보석이 띠는 색상의 강렬함은 대부분 이러한 강화제가 얼마나 포함되어 있는지에 따라 달라진다. 하지만 그 외에도 열이나 인간이 만든 감마선과 엑스선을 통한 방사선도 영향을 미친다.

오팔의 특수 사례 오팔은 결정성 구조를 가지지 않은 보석의 일례로, 강화제를 첨가한 규석 덩어리에 불과하다. 우윳빛 바탕색에 소용돌이치는 듯 보이는 몇몇 발광성 배경색은 강화제로 인한 것이긴 하지만 오팔의 경우 그게 다가 아니다. 구조 역시 한몫을 한다. 작은 결정체를 가진 오팔에서 빛 분산은 스펙트럼의 파랑과 보라 부분으로 제한된다. 반면 큰 결정체를 가진 오팔의 경우 오팔을 사방으로 움직이면 무지개색 전체를 다 볼 수 있다.

보석학적 빛 굴절의 백미라고 할 수 있는 다이아몬드 결정체는 가시광선의 전체 스펙트럼을 분산시키는 데 탁월하며, 이것이 바로 다이아몬드를 결정짓는 화려한 광채의 출처다.

오팔과 다이아몬드가 모두 무지개 효과를 만들어내지만 그 방식은 서로 전혀 다르다. 다이아몬드는 고도로 구조화된 방식으로 빛을 보다 열정적이며 예측 가능한 방식으로 굴절시킨다. 반면, 오팔의 '무질서한' 구조는 빛을 예측할 수 없는 방식으로 회절시키는데, 그토록 다양한 색 조

알렉산드라이트 또는 알렉산드롱?

믿거나 말거나, 아래의 두 사진은 같은 돌을 찍은 것이다. 하나는 낮 동안 햇빛 아래에서(위), 다른 하나 촛불 아래에서(아래) 찍은 것이다. 우리가 알렉산드라이트라는 광물을 좋아하는 이유는 동일한 물질에서 광원이 얼마나 다양한 방식으로 상호작용하는지 확인할 수 있기 때문이다.

남비아의 죽은 습지, 데드플라이Dead Vlei 지역에서 볼 수 있는 갈라진 점토

합이 만들어지는 것도 이 때문이다.

아름다운 토양과 점토   『흙Dirt』의 작가 윌리엄 브라이언트 로건William Bryant Logan은 흙을 '지구의 황홀한 피부'라고 지칭한다.

많은 사람들은 흙이 갈색이라고 생각한다. 하지만 전 세계 각지에서 가져온 샘플을 살펴보면 그 색이 놀랍도록 다양하다는 것을 알 수 있다.

정원사가 물만 줘도 먼지투성이의 윤기 없는 회색빛 갈색 토양이 즉시 풍부한 갈색 빛을 띤 검은색으로 변하는 것을 확인할 수 있다. 이렇듯 대기에 포함된 수분의 양에 따라 토양의 모양이 극적으로 변할 수 있다. 토양의 색은 또한 산화의 정도에도 영향을 받는다. 주황, 빨강, 갈색 등 밝은 빛깔의 토양은 산화가 잘 일어난 것이고 짙은 파랑이나 검은색 토양은 산화가 덜 진행된 것이다. 완전히 유기물이 된 토양은 색이 매우 연하다. 따라서 회색이나 옅은 다갈색을 띠는 토양은 완전 유기물이거나 방해석(탄산칼슘으로 이루어진 흰색 또는 투명한 광물질로 석회암, 대리석, 백악의 주성분)을 구성한다.

토양의 스카치위스키라고 할 수 있는 점토는 토양에서 2차 광물 집단이 분쇄되어 생성된 산물이다. 시간이 지나면서 토양에서 물이 걸러지고 햇빛으로 인해 광물이 변화함에 따라 그 모양과 전기 전도성이 변경되고

토양의 흙

흙이 단지 갈색이라고 생각한다면 아래에 나온 토양의 색상을 확인해보라.
『**먼셀 토양 색상 북**Munsell Soil Color Book』에서 가져온 것으로 토양은 상상하는
것보다 훨씬 다양한 색상을 띤다.

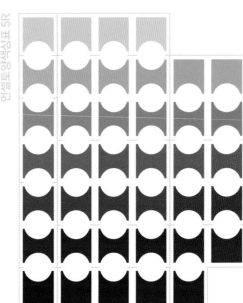

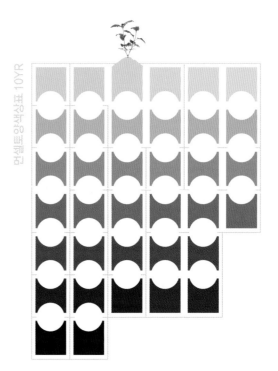

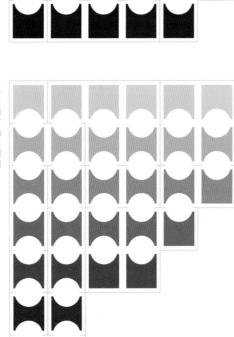

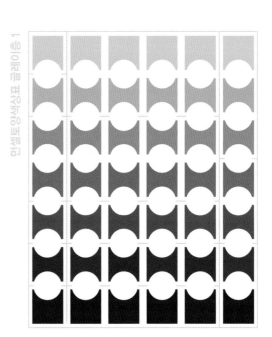

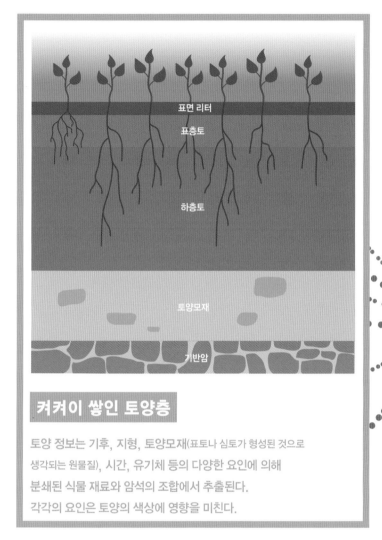

켜켜이 쌓인 토양층

토양 정보는 기후, 지형, 토양모재(표토나 심토가 형성된 것으로 생각되는 원물질), 시간, 유기체 등의 다양한 요인에 의해 분쇄된 식물 재료와 암석의 조합에서 추출된다. 각각의 요인은 토양의 색상에 영향을 미친다.

그와 함께 색상도 변화되었다.

불꽃놀이 색으로 별의 온도를 구분할 수 있는 것처럼 불꽃의 색으로도 온도와 그 내용물에 대해 많은 것을 알아낼 수 있다. 숲에서 난 불의 진원지나 가장 뜨거운 부분의 색은 대체로 흰색이지만 점차 열이 식으면서 노랑, 주황, 빨강으로 변한다. '레드 핫'이라는 표현을 반증하는 또 하나의 예라고 할 수 있겠다.

불에 타는 물질의 화학적 조성, 그리고 빛의 파장을 흡수하는지 반사하는지 여부에 따라 어떤 물질이 탈 때 어떤 색을 내는지 역시 달라진다. 일반적인 불꽃놀이에서 주황색 불꽃은 나트륨을, 파란색은 구리와 수소를 사용한 것이다.

로켓의 빨강, 주황, 노랑, 초록, 파랑, 보라색 빛

불꽃놀이에서 볼 수 있는 마법처럼 다양한 색상들은 불꽃놀이의 화학적 구성에서 기인한다. 바륨, 염화물 등의 금속 화합물은 다양한 색조를 형성한다.

불꽃놀이와 마찬가지로 다양한 화학 원소로 인해 불꽃이 다양한 색상으로
나타난다. 구리에서 비롯된 녹색부터 나트륨으로 인해 생성된 주황색까지,
불은 한 가지 색상으로 정의할 수 없다.

노랑

택시는 멀리서도 알아볼 수 있다. 손을 흔들어 택시에 올라타면 택시

기사는 문이 채 닫히기도 전에 속도를 내 출발한다. 빠르게 이동하면서도

앞에 위험한 커브가 있다는 도로 표지판이 보이면 속도를 줄인다. 앞에

지게차가 보이면 다시 한 번 브레이크를 밟는다. 기사가 길을 찾아 달리는

동안 당신은 서명이 필요한 페이지에 표시해둔 포스트잇을 당긴다.

원하는 페이지로 이동하면 서명해야 하는 위치에 정확히 형광펜으로

표시되어 있다. 이렇듯 지금 당신과 택시 기사의 시선을 사로잡은 것은

바로 노란색이다. 자체 발광하는 노란색은 황제를 눈부시게 빛내고

수백만 개의 연필을 색칠하고 속도를 줄이라고 경고하며 우리의 주의를

사로잡는다.

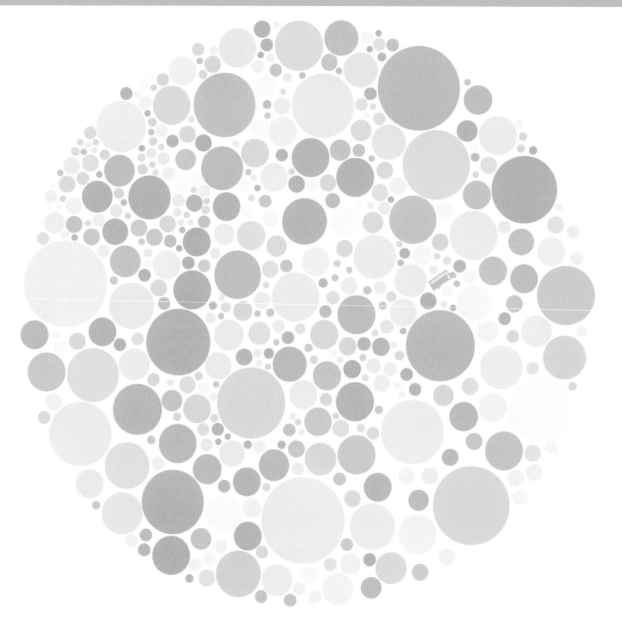

노란색은 스펙트럼의 그 어떤 색상보다 돋보인다. 이것은 우리 눈의 감도가 최상일 때 인식하게 되는 빛의 파장이 노란색이기 때문이다. 옅은 노랑이 그에 비해 눈의 감도가 떨어지는 옅은 파랑보다 밝아 보이는 것도 이 때문이다. 이렇듯 색을 감지하는 민감도로 인해 파란색보다 노란색 계열을 훨씬 더 명확하게 구분할 수 있다.

이를 보면 우리 눈은 노란색을 항상 분명하게 구분해왔을 것 같지만 과학자들의 의견은 다르다. 과학자들은 인간이 노란색이나 주황빛을 띤 노란색 열매를 이를 둘러싼 녹색 잎과 구분하기 위해 별도로 추가적인 감도를 발전시켜왔다고 가정했다. 이러한 열매는 새들에게는 너무 컸으며

곤충과 같은 꽃가루 매개자들을 필요로 했다. 이에 따라 인간은 우연이든 아니든 노란색을 구분할 수 있는 감도를 진화시켜왔다.

황제의 의복 세계에서 가장 오래된 문명을 발전시켜 온 나라 중 하나인 중국은 노란색에 온전히 몰두해 온 역사를 보유하고 있다. 그 기원은 중국 최초의 시조로 알려진 신화적 인물 '노란색 황제The Yellow Emperor of Huangdi'에게서 찾을 수 있다. 노란색 황제의 치세는 기원전 26세기에 시작되었으며 그의 발명과 리더십으로 인해 오늘날의 중국 문명이 자리 잡은 것으로 알려졌다.

그가 순전히 신화 속의 인물인지 또는 실존 인물인지에 관계없이 이 노란색 황제는 중국 문명에 중요한 역할을 한 노란색으로 유명했다. 고대 중국인의 철학에서부터 현재의 중국 의학, 태극권에서 풍수사상에 이르기까지 모든 분야에 적용된 오행 이론에 수록된 5색계 이론에서는 노란색을 다른 색보다 우월한 색으로 지칭했다. 이 체계에 따르면 노란색은 다른 색조의 가운데에 위치하여 음과 양의 균형을 맞춤으로써 다른 색이 감히 주장할 수 없는 우수함을 보유하고 있다. 또한 이 색상은 금과 풍부함, 그리고 이들이 가져오는 부와 연관되어 있다.

17세기 당나라 때부터 20세기 청나라에 이르기까지 황제 외에는 밝은 노란색 의복을 입지 못하도록 금지하는 법령이 적용되었다. 여타 노란색 계열은 황제의 아들들을 위해 사용되었다. 황제는 의복부터 벽, 지붕까

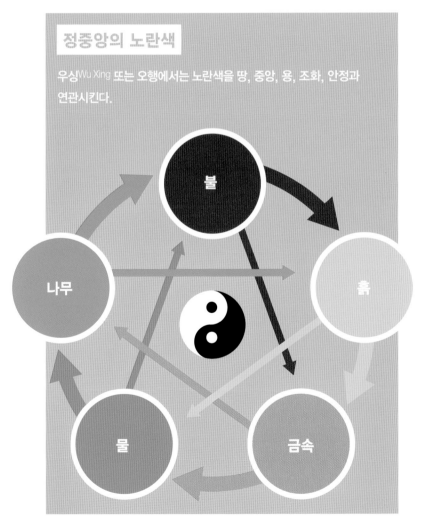

정중앙의 노란색

우싱Wu Xing 또는 오행에서는 노란색을 땅, 중앙, 용, 조화, 안정과 연관시킨다.

불

나무

흙

물

금속

중국의 이탈리아 예수회 사람이자 궁정 화가인 주세페 카스틸리오네Guiseppe Castiglione의 건륭제, 1739년 또는 1758년경

중국 자금성의 지붕은 노란색의 향연을 펼친다.

지 말 그대로 노란색으로 둘러싸여 있었다.

중국인들이 노란색을 귀빈 전용으로 사용했다면 다른 문화에서는 이 색상을 훨씬 덜 중요한 것으로 간주했다. 태양 빛 깔은 오히려 놀랍도록 많은 불길한 역사적인 사건 들을 상징했다. 수세기 동안 이슬람교도들은 이교 도로 간주되는 '다른 이'들을 노란색 기표로 표시 해왔다. 이러한 전통은 바그다드의 유대교도들과 기독교인들이 노란색 배지를 착용하던 9세기로 거 슬러 올라간다. 이 관습은 세계의 다른 지역에서 도 그대로 채택되었다. 13세기 잉글랜드의 에드워 드 1세Edward I는 모든 유대인들이 노란색 펠트 천

나치 체제하의 유대인들은 완장에
위 그림과 같은 천을 꿰매 넣어야 했다.

을 입도록 했으며, 16세기 인도가 회교도 통치하에 있을 때 인도의 무굴 황제 악바르Akbar는 힌두교 신자들에게 노란색 완장을 착용하도록 했다.

1930년대에는 악명 높은 나치들이 유대인들을 식 별하기 위해 다윗의 노랑별로 알려진 배지나 완장 을 차도록 시킨 일은 이미 잘 알려져 있다. 오늘날 에조차 탈레반들은 아프가니스탄에서 힌두교 신자 들을 표시하기 위해 노란색 완장을 사용한다.

평화의 모자 비록 노란색이 인종 간의 전쟁을 선 포하는 데 상징적으로 사용되었을 수는 있지만 한 편으로 노란색 모자는 평화를 선포하는 데 사용되

기도 했다. 전 세계에서 가장 평화를 중시하는 종교 그룹 중 하나인 티베트 불교의 거루파^{Gelug}(라마교의 한 종파)에서 실시되는 종교의식에서 티베트 불교의 영적 지도자인 라마들은 독특한 노란색 모자를 착용한다. 이러한 거루파 전통은 14세기에 정착되었지만 16세기에 이르러서는 5대 달라이 라마 나왕 롭상 갸초^{Ngagwang Lobzang Gyatso} 덕분에 다른 전통보다 훨씬 무게를 지니게 된다. 이 위대한 지도자는 티베트의 여러 지역을 통합한 후 마침내 종교적으로나 정치적으로 국가 전체를 이끌게 된다.

하지만 거루파 전통에서 이 특정한 색상을 모자의 색으로 선택한 사실은 실제로 종교적으로나 상징적으로 아무런 의미를 가지지 않는다. 노란색은 빨간색 모자를 쓰던 다른 종교인들과 거루파를 구분하기 위해 사용되었을 뿐이다. 노란색 모자로 가장 유명한 라마는 다름 아닌 달라이 라마다.

선종 팔레트

불교도 경전인 탄트라 문학에는 흰색, 노랑, 빨강, 짙은 남색을 포함한 4색 체계가 있다. 여기서 노란색은 부, 건강에서 지식, 지혜에 이르는 것들을 상징하는 데 사용되었다. 흰색은 평화, 빨강은 권력, 짙은 남색은 분노를 나타낸다.

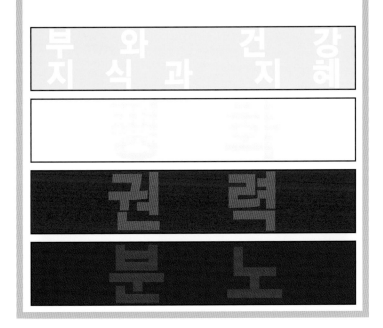

부와 건강
지식과 지혜

권력

분노

티베트 르카쩌 지방의 거루파 전통 수도승

해바라기는 흔히 남프랑스 지역을 연상시키지만 실제 원산지는
북아메리카 지역이다. 지금은 애리조나 주와 뉴멕시코 주에 거주하는
아메리카 인디언들은 기원전 3천 년경부터 이 위풍당당한 식물을 재배하기
시작했다. 영양가 높은 해바라기 씨 28.5그램은 160칼로리에 해당하며,
해바라기 오일은 화장품에서부터 디젤 엔진, 프라이팬에 이르기까지
전 세계적으로 사용되어 왔다.

옐로 캡 컴퍼니 차량의 노란색 몸체는 검은색 바탕과 대비되어 더욱 돋보인다.

노란색 만세! 헤르츠Hertz 렌터카 차량의 검은색과 노란색 로고는 현대적인 광고대행사의 작품이 아니다. 존 헤르츠John Hertz는 시카고에서 노란색 도어를 채택한 일련의 택시를 이용하여 옐로 캡 컴퍼니The Yellow Cab Company를 시작한 1915년부터 노란색을 사용해왔다. 일부 사학자들이 그 시점에 이미 옐로 캡이 다른 도시의 거리를 활보했다고 주장하지만 대다수는 헤르츠가 보행자의 주의를 끌기 위해 최초로 택시에 노란색을 사용했다고 간주한다. 연구의 결과물이든 아니면 그저 직관의 산물이든 간에, 헤르츠의 결정은 분명 오랜 세월을 거쳐 검증되었다.

파란만장한 과거

택시의 외형은 지난 세기에 비해 급격히 변화되었지만 1910년경 최초의 택시를 제외하고 특징적인 노란색 색조는 변경되지 않았다.

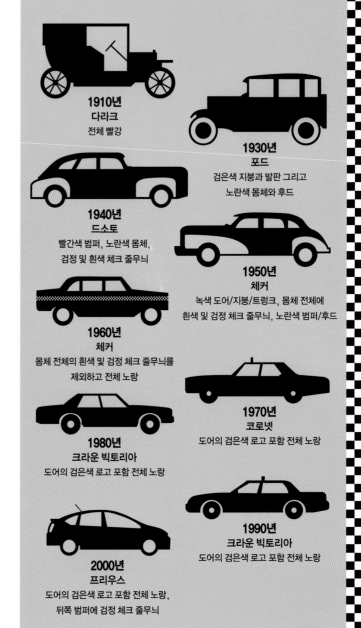

1910년
다라크
전체 빨강

1930년
포드
검은색 지붕과 발판 그리고
노란색 몸체와 후드

1940년
드소토
빨간색 범퍼, 노란색 몸체,
검정 및 흰색 체크 줄무늬

1950년
체커
녹색 도어/지붕/트렁크, 몸체 전체에
흰색 및 검정 체크 줄무늬, 노란색 범퍼/후드

1960년
체커
몸체 전체의 흰색 및 검정 체크 줄무늬를
제외하고 전체 노랑

1970년
코로넷
도어의 검은색 로고 포함 전체 노랑

1980년
크라운 빅토리아
도어의 검은색 로고 포함 전체 노랑

1990년
크라운 빅토리아
도어의 검은색 로고 포함 전체 노랑

2000년
프리우스
도어의 검은색 로고 포함 전체 노랑,
뒤쪽 범퍼에 검정 체크 줄무늬

최초의 코이누르 Koh-I-Noor **연필**

베스트셀러 연필　표준 사이즈 연필 한 자루로 대략 4만 5천 단어를 쓸 수 있다. 단편 소설에 맞먹는 길이다. 그렇다면 혹시 노란색 연필이라면 더 오래 사용할 수 있을까? 한 비공식적 연구 조사에 따르면 사람들은 그렇게 생각하는 것 같다. 헨리 페트로스키Henry Petroski는 그의 책 『연필The Pencil: A Design of Design and Circumstance』에서 한 연필 제조업체가 사무실에 노란색과 녹색으로 칠한 연필을 같은 수량 배치했을 때 벌어지는 일을 실험한 내용에 대해 정리한 바 있다. 직원들에게 연필의 품질에 대해 묻자 많은 직원들이 녹색 연필에 대해 불평했다. 더 자주 부러지고 깎기 힘들며 글을 쓰기조차 힘들다고 말이다. 하지만 그저 녹색 칠을 했을 뿐 두 연필의 품질은 완전히 같았다. 마치 노란색이 우리 의식 깊숙이 각인된 나머지 노란색 자체를 '연필'의 품질을 보증하는 브랜드로 인식하고 있는지도 모르겠다.

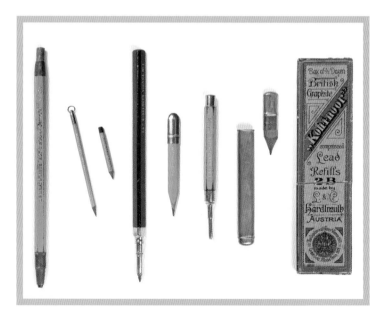

코이누르 연필의 과거 유물들

　최상 품질의 중국 흑연으로 만들어진 코이누르 연필은 다른 업체에 비해 그 가격이 3배가량 더 비싸다. 이 연필은 마치 중국의 유산을 기념하기라도 하듯 노란색으로 칠해져 있다. 아니 어쩌면 오스트리아 회사에서

만들었기 때문일 수도 있다. 실제로 오스트리아-헝가리 국기는 금색과 검은색으로 되어 있는데, 흑연과 노란색의 조화가 특별히 애국심을 고취시키는 듯하다.

　코이누르 이전에는 노란색이나 다른 색으로 색칠된 연필이 고품질 나무로 흑연을 둘러싼 색칠되지 않은 연필에 비해 열등해 보였다. 흠을 가리기 위해 색칠할 필요도 없었다. 하지만 1890년 코이누르가 도입되고 1893년 시카고의 만국박람회에 소개되었을 때 방문자들은 그 아름다움과 내구성에 매료되었다. 색칠되지 않은 연필은 상대조차 되지 않았다. 오늘날까지 판매되는 연필의 4분의 3이 노란색일 정도다.

　연필은 그저 노란색으로 빛나는 쓰기 도구에 머무르지 않았다. 1960년대 초반에는 새로운 종류의 수성 잉크가 개발되면서 이 색상이 교과서와 노트에도 도입되었는데, 이 잉크는 페이지에 번지거나 종이에서 배어나오지 않았다. 본문을 노란색으로 칠하면 다른 어떤 내용보다 눈에 띄었으므로 작업에도 효과적인 색상이었다.

　카터스 잉크Carter's Ink는 미국에서 일명 하이라이터Hi-Liter라는 펜을 발명한 최초의 회사로, 그 이후 형광펜이 일반 용어로 채택되게 되었다. 1970년대에는 혁신이 더욱 가속화되어 새로운 작업 및 연구 도구가 개발되었다. 에이버리 데니슨Avery Dennison은 형광 잉크를 사용하여 형광펜을 만들었다. 이렇게 강조 표시된 내용은 눈에 띌 뿐 아니라 빛나 보이기까지 한다.

　공부에 형광펜이 효과적이라고 생각했다면 아마 그 말이 맞을 것이다. 실제로 형광펜으로 강조 표시된 내용을 읽으면 뇌의 시각계가 언어 체계와 상호작용하여 공부할 때 훨씬 더 많은 수의 뇌 회로가 작동하게 된다. 따라서 읽으면서 더 많은 내용을 기억하게 되는 것이다.

　아직 살펴봐야 할 또 다른 종류의 노랑 잉크가 남아 있다. 지역 신문 가판대의 타블로이드를 훑어보면 타블로이드에서 취급하는 시시콜콜한

힌두교도의 **바산뜨 빤챠미**|Vasant Panchami 축제에서는 세상에 봄이 왔음을 알린다. 이 축제의 이름은 문자 그대로 '봄의 다섯 번째 날'로 해석되는데, 노란색 드레스를 입은 젊은 여성들이 거리를 가득 채우고 있다. 이들은 겨자꽃이 활짝 핀 인도의 들판을 행진한다. 사람들이 탄생과 행복의 계절을 환영하는 동안 몇 에이커에 달하는 금색 꽃들이 미풍에 흔들린다.

식물

진초록의 겨울 전나무. 맑고 신선한 샤르트뢰즈^{chartreuse}(브랜디와 약초를 섞어 만든 연녹색 또는 황색의 술). 이른 봄에 맨 처음 솟아나는 다채로운 새싹들의 향연. 한여름에 피어난 꽃과 열매들. 불타는 듯 붉은 주황의 가을 단풍. 이렇듯 모든 계절은 나름의 고유한 색상을 자랑한다.

식물의 세계는 온갖 스펙트럼 색을 나타낸다. 아주 작은 이파리, 풀, 과일에서도 이 모든 미묘한 색조를 찾아볼 수 있다. 이것을 보면 무지개조차 자신이 보잘것없고 불완전하다고 느끼게 되리라.

이러한 식물 왕국을 지배하는 한 가지 색조가 있다면 바로 이 지구를 지탱해주는 식물들의 녹색일 것이다. 하지만 오늘날 이 녹색은 도시, 공업단지, 도로, 기타 인간이 만들어낸 창조물들로 인해 질식해가고 있다.

북극에서 사막까지, 열대 우림에서 평야 지역까지, 거대한 대양에서 아주 작은 물줄기에 이르기까지 모든 환경에는 식물이 존재한다. 어떤 곳은 빛이 넘치고, 어떤 곳은 대낮에도 손전등이 필요하며, 어떤 곳은 일년 내내 얼어붙어 있고, 어떤 곳은 여름만이 계속되어 극심한 더위와 물 부족에 시달리지만 이런 환경에서도 식물은 자라난다.

본래 식물은 주위 환경이 어떻든 그 안에서 생존해야 하기에 직면한 환경 조건에 적합하도록 진화를 거듭해왔다. 요컨대 식물의 생김생김이 털이 많거나 표면이 울퉁불퉁하거나 밀랍 같은 질감을 가지거나 색이 흐릿하거나 광택이 나는 등의 특성은 주어진 환경과 빛을 최대한 활용하기 위해 진화한 결과물이라고 할 수 있다. 가령 어둡고 빽빽한 열대 우림 지역은 빛 투과율이 너무 낮아서 일부 식물은 보는 각도에 따라 색이 달라지는 무지갯빛을 띠기도 한다.

색도 그러한 진화의 결과라 할 수 있는데 식물의 나뭇잎, 꽃, 열매가 지니는 색에는 환경뿐 아니라 화학작용, 가루받이, 심지어 지구상의 모든 동물의 기원도 영향을 미쳤다.

식물이 다양한 스펙트럼 색을 나타내는 이유 식물은 10억 년 이전에 해조류로부터 시작되었다. 해조류는 보다 복잡한 식물의 기초를 형성했을 뿐 아니라 현재 우리가 온갖 식물에서 볼 수 있는 다양한 색상의 근원을 제공했다. 해조류는 붉은 계통, 초록 계통, 갈색 계통 등 다양한 색상 그룹으로 나뉘는데, 한 가지 그룹 내에서도 색조 간에 미세하거나 상당한 변이를 보이며 전체적으로 광범위한 색상 밴드에 걸쳐 있다. 이러한 색상 범위는 생물학적 색소에 기인한 것으로, 식물에서뿐 아니라 동물에서도 색상 전이를 일으킨다.

오! 베리

폴리카 콘덴세타Pollia condensata는 빛이 닿는 부분에서
블루 모르포 나비나 애기뿔소똥구리보다 더 많은
엄청난 양의 빛을 반사한다. 소형 베리류(소형 블루베리)는
모든 생물 중에서 현재 과학자들이 측정한 것 중
가장 진한 색상을 띤다.

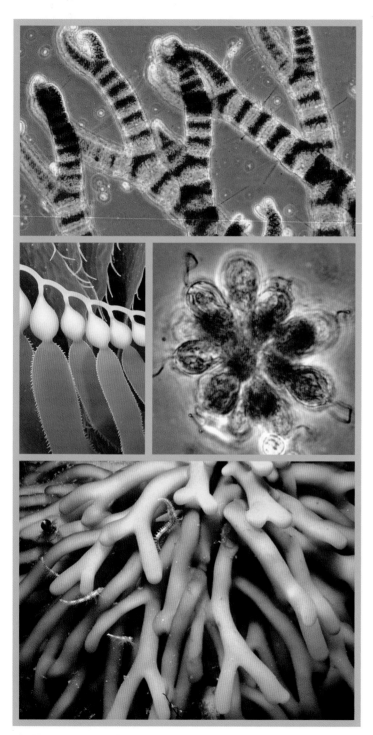

암보렐라Amborella trichopada는 지구상에 살아 있는 가장 오래된 종자식물 또는 속씨식물 중 하나에 속한다. 속씨식물은 그 조상인 겉씨식물과 달리 꽃을 피울 뿐 아니라 종자 껍질도 갖추고 있다. 이렇듯 씨에 껍질이 있으면 더 넓은 지역으로 확산되어 더 빠르게 전파되고 다양해지는 것으로 알려져 있다.

해조류가 오늘날 볼 수 있는 경이로울 정도로 다양한 꽃과 열매로 진화하는 데는 상당한 시간이 소요되었다.

그렇다고 식물에서 특별히 색상만 다양하게 나타났던 것이 아니라 꽃역시 다양했다. 140억 년 전 공룡이 지구상을 활보하고 다닐 때도, 포유동물과 새들이 행성을 가득 채운 후에도 계속해서 진화하고 있었다. 과학자들은 색소의 기원을 식물에서 찾았는데, 색소가 태양의 자외선으로부터 식물을 보호하기 위한 수단이라고 가정했다. 그 후 동물이 등장하자 색상은 가루받이를 위해 동물을 식물로 유인하고 종자를 퍼뜨리는 수단이 되었다.

생물학적 색소는 식물 세포 내에 가득 찬 분자로 구성된다. 색소의 특정한 화학적 구조는 특정 파장을 흡수하고 나머지는 반사하는 등 각자 고유한 방식으로 빛에 반응한다. 여러분은 아마 카로티노이드carotenoids나 플라보노이드flavonoids 쌍 등에 대해 들어본 적이 있을 것이다. 이들은 식물 색소로, 사람의 몸에 이로운 것으로 알려져 있다. 면역체계를 강화시키고 알레르기나 염증을 완화시키며 오염이나 공해 물질의 독성을 개선하여 암을 예방하는 데 효과적이다. 이러한 색소가 바로 사람들이 '다양

해조류는 미세 규조류에서 엄청나게 큰 다시마숲kelp forest에 이르기까지 다양한 모양과 크기가 존재한다. 시계 방향으로 위에서부터 비단풀속 홍조류Ceramium red algae, 시누라 조류Synura algae, 거대바닷말Nereocystis luetkeana, 자이언트 켈프Macrocystis pyrifera.

한 색상의 채소'를 먹도록 권장하는 이유이기도 하다.

엽록소의 중요성 엽록소는 모든 식물 색소의 어머니 격으로 지구상에 존재하는 대부분의 식물이 녹색을 띠는 것은 엽록소를 함유하고 있기 때문이다. 정확히는 엽록소의 특정 부산물이 녹색을 띠는 것인데, 이 특정 부산물이 흡수하는 에너지는 가시광선에서 우리가 빨강으로 인식하는 장파장과 파랑으로 인식하는 단파장으로부터 나오는 것이다. 대부분의 식물이 그렇지만 엽록소를 일정량 이상 보유한 식물은 우리가 녹색으로 인식하는 중파장을 반사시킨다. 그렇다고 모두 같은 녹색인 것은 아니며 보통 두 가지 종류의 엽록소를 사용한다. 하나는 청록색 엽록소로,

숲으로 걸어 들어가 보면 식물이 풍부해지기 전에 세상이 어떠했을지에 대해 더 잘 알게 될 것이다.

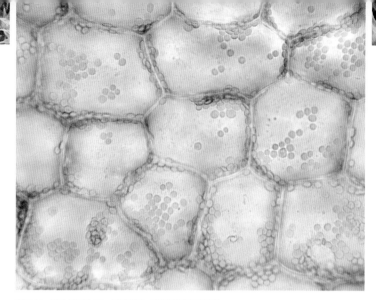

엽록소는 식물 세포에 사는 엽록체(위 그림)에 저장되어 있다.

가 빛에서 에너지를 흡수한 후 이것을 화학적 에너지로 변화시킨다. 식물은 이러한 화학 에너지를 탄수화물 형태로 저장하여 성장이나 치료, 번식에 지속적으로 필요한 자양분으로 삼는다.

식물만이 이러한 엽록소의 수혜자인 것은 아니다. 동물이 식물을 직접 섭취하거나 식물을 섭취한 동물을 섭취하면 식물이 자신의 성장과 치료, 번식에 사용하기 위해 저장해 둔 에너지도 섭취하게 된다. 이렇듯 생물의 진화는 전적으로 식물이 제공하는 에너지에 의존한다. 또한 엽록소는 인간과 지구상의 모든 생명체에 꼭 필요한 산소를 배출한다.

보라―파랑과 주황―빨강 광선을 흡수하고 다른 하나는 황록색 엽록소로, 파랑과 주황색 광선을 흡수한다. 이 간단한 차이는 식물의 흡수 패턴에 기초하며, 그 결과 특정 식물이 거주하는 환경에서 지배적인 광원이 무엇인지에 관계없이 계속해서 번성할 수 있는 적응력을 갖추게 된다.

엽록소는 모든 생명을 유지시키는 연료를 생성하는 광합성의 핵심 요소이기도 하다. 광합성은 햇빛에서 출발한다. 식물에 있는 엽록소 분자

이것은 새이고 저것은 채소다.

당근은 아주 오랫동안 반드시 섭취해야 하는 채소로 꼽혀왔다. 당근이 이토록 건강에 좋은 이유는 카로티노이드의 일종인 카로틴carotene이 풍부하기 때문이다. 이 색소는 가시 스펙트럼의 단파장(녹색, 파랑, 보라)을 흡수하고 장파장(빨강, 주황, 노랑)을 반사하므로 당근이 주황색을 띠는 것이다. 당근이 눈에 좋다는 소리는 많이 들어봤을 것이다. 그 이유는 카로틴이 인체에 해로운 파란색 자외선을 흡수하기 때문이다. 실제로 파란색 자외선은 피부나 눈에 손상을 주거나 암을 유발할 수도 있다.

형체 변이 카로티노이드 카로티노이드는 광합성에 관여하는데, 특별히 햇빛에서 에너지를 분리한 후 이를 엽록소 분자에 전달하는 과정을 도와준다. 이 색소가 생성되려면 강력한 햇빛이 필요하므로 엽록소보다 훨씬 안정적이다. 실제로 햇빛이 누그러들고 차가운 날씨가 도래하면 엽록소 생성이 줄어들지만 카로티노이드는 계속해서 왕성하게 생성된다. 당근 외에 카로티노이드가 풍부한 다른 과일이나 채소로는 토마토, 고구마, 카옌 후추(생 칠리를 건조시킨 후 빻아서 가루로 만든 향신료), 살구, 망고, 멜론 등이 있다.

플라보노이드 구출 대작전 플라보노이드라는 용어 자체는 라틴어 '노란색'에서 유래되었지만 실제로는 모든 색상 지도에서 찾아볼 수 있다. 대체로 빨강, 자주, 파랑 색상의 꽃과 열매에서 발

수국을 심은 땅이 산성인지 알칼리성인지에 따라 수국의 색이 파란색에서 분홍색으로 변할 수 있다.

견된다. 그중 안토시아닌anthocyanin이라는 특정 종류의 플라보노이드로 발현되는 색상은 동물들에게 해당 열매가 먹을 수 있는 것임을 알리는 신호 역할을 했다.

요컨대 플라보노이드는 가장 선명한 식물 색상 일부를 발현시키는 역할을 담당하며, 인간의 식단에도 매우 풍부하게 함유되어 있다. 코코아와 커피 원두, 찻잎, 레몬, 그레이프루트, 크랜베리, 블루베리, 체리, 양파, 콩 등이 그 예이며 이외에도 다양하다. 특히 붉은색과 자주색 그레이프에 플라보노이드가 풍부한데 레드 와인이 건강에 좋은 것도 이 때문이다.

강한 산성을 띤 안토시아닌은 또 다른 이로움을 제공한다. 수국의 색깔에 있어서도 토양이 산성이면 파란색 수국이 분홍색이 되고, 토양이 알칼리성이면 그 반대 현상이 일어난다. 그리고 중성 토양에서는 사랑스러운 보라색 계열의 색을 띤다. 이는 안토시아닌의 산도가 증가하거나 감소함에 따라 화학적 구조가 변하면서 빛의 서로 다른 파장을 흡수 혹은 반사하기 때문이다.

가을 단풍의 마법

단풍은 엽록소가 파괴되고 다른 색소가 지배적인 색소가 되면서 일어나는 현상이다. 이러한 색소 중 일부는 식물이 '녹색'일 때부터 이미 잎에 존재했지만 엽록소에 가려져 보이지 않았던 것일 수도 있다. 그러다 날이 추워지고 엽록소가 줄어듦에 따라 이러한 색소가 나뭇잎의 색상을 지배하기 시작한 것이다. 뉴잉글랜드의 가을 단풍나무 잎이 그토록 유명한 것은 단풍나무 잎에 존재하는 색상 변이 안토시아닌이 풍부하기 때문이다. 안토시아닌은 카로티노이드나 엽록소와 달리 가을이 오기 전까지는 잎에 나타나지 않는다.

식물에 있는 멜라닌 색소 동물에게서 가장 흔하게 찾아볼 수 있는 멜라닌 색소는 식물에서는 그다지 큰 역할을 수행하지 않는다. 지나치게 익은 바나나에 검은색 점이 생기는 것과 멍들거나 잘린 사과의 속살이 갈변되는 것은 이 멜라닌 색소 때문이다. 멜라닌은 또한 우리의 피부, 머리카락, 눈의 색상을 결정하는 색소이기도 하다. 갈색, 베이지, 검정, 회색, 갈색을 띤 빨강, 노란색 금발 머리까지 온갖 색상을 낸다. 단, 이 색소는 애매모호한 중간색을 좋아해서 선명한 색상을 기대하긴 어렵다.

가루받이, 종자 분산과 색상 간 연관성 식물은 배우자에게 구애하기 위해 경쟁자들과 직접 싸우거나 자신을 적극적으로 드러내며 유혹할 수 없다. 따라서 번식하려면 자연이나 다른 생물의 힘에 의존해야 한다. 그나마 다행인 것은 물과 바람이 종자를 퍼뜨리는 위대한 매개체가 되어준다는 점이다. 이렇듯 유용한 물과 바람의 도움을 받는 식물들은 가루받이나 종자 분산을 위해 동물의 힘이 필요한 식물들에 비해 다소 소박한 색상을 띠는 경우가 많다.

  시력을 가진 동물들에게 온통 녹색인 식물의 줄기나 잎에 비해 다채로운 색상을 띠는 꽃과 열매는 상당히 주의를 끄는 대상임이 틀림없다. 이

연한 베이지부터 회색을 띤 갈색에 이르기까지 다양한 색상으로 나타나는 바나나의 검은 점, 사과를 깎은 후 덮지 않고 방치해 둔 단면에 나타나는 색의 변화와 수많은 '갈색' 버섯은 모두 멜라닌 색소의 영향을 받은 것이다.

에 따라 각종 열매와 꽃은 파티 드레스나 변장 도구, 혹은 최음제 역할을 하게 되었다. 식물의 색상은 시간이 지나면서 특정 곤충이나 새, 또는 필요한 작업에 가장 적임자인 여타 동물들을 유인하기 위해 진화했다.

  이렇듯 식물은 자신의 꽃으로 동물들을 유인하기 위해 음식, 공격, 성적 속임수의 세 가지 방법을 강구해왔는데, 일단 가루받이나 씨를 널리

네덜란드의 튤립 경작지는 자연이 일반적으로 보여주는
무질서한 가시 스펙트럼이 아닌 훨씬 질서 정연한
가시 스펙트럼을 보여준다.

다양한 형태의 가종피. 우측 상단에서부터 시계 방향으로 망고스틴, 콩과 식물, 석류, 리치

퍼뜨리는 데 성공하면 그에 상응하는 휴식을 취한다. 꽃이나 열매가 색을 드러내는 데는 많은 에너지가 필요하므로 유혹의 시기가 끝나면 곧 꽃이 시들고 갈색으로 변하게 된다.

식품을 통한 유혹   "저를 먹어주세요!" 꽃가루, 꽃의 꿀, 과일, 베리류

그리고 꽃들은 자신을 먹이로 삼는 생물들에게 이렇게 말하는 듯하다. 동물들은 이러한 음식을 섭취한 후 씨를 뱉어내기 때문에 씨가 여기저기 흩어지는 효과를 거둘 수 있다.

경우에 따라 좀 더 까다로운 유혹 방식을 사용하는 식물들도 있다. 예를 들어, 씨 자체가 그다지 매혹적이지 않은 일부 식물은 가종피(씨의 겉

부분을 둘러싸 종피처럼 보이는 특수한 껍질)라는 물질을 생성한다. 가종 피는 씨의 껍질을 비롯하여 육두구, 망고스틴, 석류씨와 같이 예쁜 색을 가진 부속지(줄기에 가지처럼 부착되어 있는 기관이나 부분)에서 찾아볼 수 있다. 가령 석류 씨는 즙이 많은 자홍색 살이 씨를 덮고 있다. 어떤 식물들은 가종피 대신 단지 색상만으로 껍질 흉내를 내는 경우도 있다.

온시듐 난초

공격 유발 식물 세계는 대체로 평화로운 편이므로 공격이라는 개념을 들었을 때 떠오르는 것은 끈끈이주걱이나 가시 정도일 것이다. 하지만

꽃들을 수정시키는 동물들에게는 이야기가 다를 수도 있다. 가령 온시 듐 난초Oncidium orchid(일명 댄싱 레이디)와 같은 일부 식물들의 경우 바람결에 춤추고 흔들리며 비밥 재즈를 춘다. 일견 평화로워 보이는 풍경이지만 꽃가루 수정에 큰 역할을 담당하는 각각의 꿀벌 입장에서는 전혀 다른 상황이 펼쳐진다. 꿀벌들은 이러한 꽃들을 자신의 영역을 침범하는 수컷 꿀벌이라고 생각한다. 그래서 영역 싸움에서 승리하기 위해 그들이 자신의 비위를 건드리는 수컷 꿀벌이라고 인식하는 대상을 공격한다. 그 과정에서 꽃가루 수정이 이루어지는 것이다. 꿀벌들은 계속해서 전투 모드로 이 꽃에서 저 꽃으로 옮겨 다닌다. 그 결과 이 교활한 식물들이 가루받이에 성공하게 되는 것이다.

위장의 예술 식물계가 어느 정도 비열하고 지저분한 전술을 사용하여,

일명 꿀벌 난초인 오프리스 아피페라Ophrys apifera는 수컷 꿀벌에게 마치 암컷 꿀벌처럼 보인다. 난초는 이러한 속임수를 통해 꿀벌을 유인하여 몸에 꽃가루를 묻히도록 한다.

색상과 패턴을 모두 전문적으로 가장하는 형태로 수분(가루받이)을 성공시킨다는 사실은 그 누구도 부인하지 못할 것이다.

그러니 종종 식물이 암컷 벌레의 모습을 모방하는 것은 당연한 일이다. 난초과 식물은 성별을 속이기 위해 눈길을 줄 수밖에 없는 아름다운 모습으로 가장한다. 오프리스Ophrys 속 난초는 마치 암컷 꿀벌처럼 보이는데 그뿐만 아니라 꿀벌이나 말벌과 비슷한 향기를 내뿜기 때문에 흔히 꿀벌 난초라고 불린다. 수컷 꿀벌은 자신이 암컷 배우자에게 간다는 생각으로 꽃 위에 내려앉는다. 그런 다음 온몸에 꽃가루를 묻히고는 아직 배우자를 만나지 못했으니 이제 제대로 교미해 볼 생각으로 옆에 있는 오프리스 난 위로 옮겨 앉는다. 일명 의사교접(擬似交接)이라고 하는 난초의 이러한 흉내는 비록 벌꿀을 번식시키진 못하지만 난초 자신은 성공적으로 번식한다. 난초가 꽃을 피우는 개화 식물 중에서 가장 수가 많은 두 가지 식물 중 하나인 것도 결코 놀라운 일은 아니다.

아마존 수련 교미와 색상 이 두 가지 사항은 아마존 수련과 수련의 꽃가루 수정을 담당하는 딱정벌레 간의 관계를 지배한다. 아마존 수련은 개화 첫날밤에 흰색 꽃을 피우는데 완전히 개화되면 온도가 상승하면서 고혹적인 향이 널리 퍼지게 된다.

대형 애기뿔소똥구리는 바람에 날려 오는 향내를 맡고 가장 가까이에

아마존 수련의 꽃은
저녁에는 흰색으로 피었다가
밤사이 분홍색으로 변한다.

있는 아마존 수련을 찾아간다. 그들이 꽃 안으로 들어가면 꽃봉오리가 벌레를 감싸 안으며 닫힌다. 애기뿔소똥구리는 이 따스한 디스코텍에서 음식을 먹고 교미를 한다. 음식은 한정된 다육질의 꽃 수술이며, 교미는 암컷과 수컷 사이에서 이루어진다. 꽃의 내부를 디스코텍으로 표현한 것은 꽃의 색이 변하기 때문이다. 아침이면 꽃봉오리가 다시 열리면서 아마존 수련의 색이 진분홍으로 변하고 더 이상 향기를 내뿜지 않는다.

유혹의 법칙　서로 다른 색은 각각 다른 동물을 유혹한다. 가령 선홍색

꽃은 오직 빨간색만 식별할 수 있는 새들에 의해 수분하고, 자외선 꽃들은 전자기 스펙트럼 저 멀리까지 볼 수 있는 꿀벌들만 유혹한다. 분홍과 연보라색은 나비들이 가장 선호하는 색이다. 향이 강한 옅은 색 또는 흰색 꽃은 박쥐나 나방의 사랑을 받는데, 이들의 경우 시력은 형편없지만 후각이 뛰어나기 때문이다. 영장류를 비롯하여 다른 포유동물들을 유인할 때도 박쥐와 유사한 방법을 써서 수분한다. 단, 이렇게 몸집이 큰 동물들은 다양한 수단을 사용해 수분하는 새나 곤충에 비해 효과가 덜한데, 가령 벌새는 작은 부리를, 나비는 주둥이를 이용해 꽃의 꿀을 채취한

이 벌새는 빨간색 꽃 깊숙이 부리를 집어넣어 꽃의 꿀을 추출한다.

여기에 자주 들르시나요?

모든 꽃가루 매개자들이 다 같은 색깔의 꽃에 끌리는 것은 아니다.
특정 색은 이 동물의 왕국에 있는 특정한 동물들을
유혹한다. 냄새 역시 중요하다.
특히 파리는 살코기가
썩는 냄새에 끌린다.

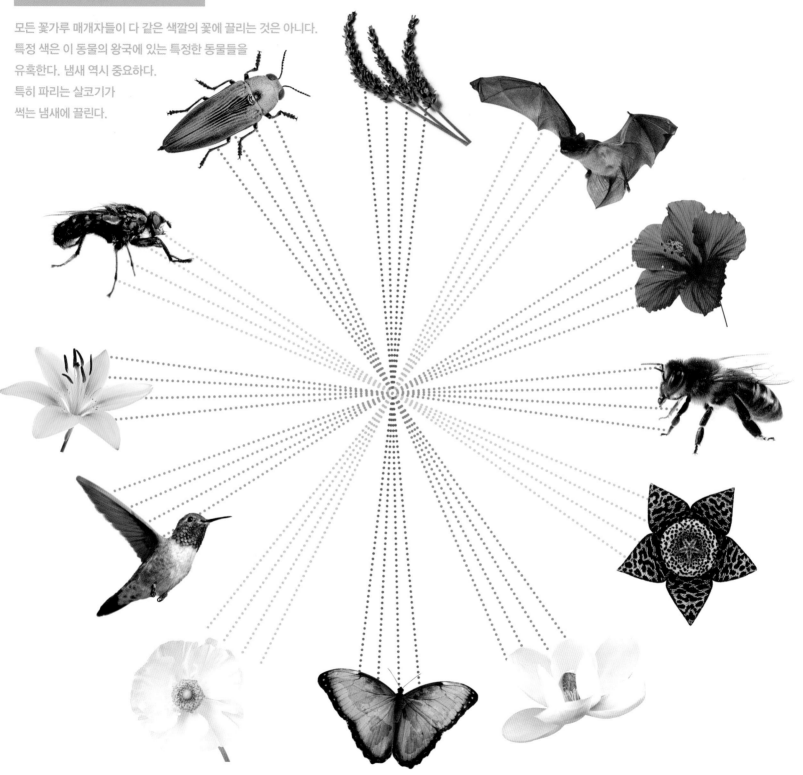

믿기 어렵겠지만 꿀벌은 꽃 한가운데서 우리가 전혀 보지 못하는 색을 식별해낸다. 위의 두 그림은 오이꽃으로 하나는 꿀벌에게 보이는 모습을 가정한 것(아래)이고 다른 하나는 우리에게 보이는 모습(위)이다.

이 시계초Passiflora incarnata에는 눈알 유리 모양의 꿀 안내자가 있다. 이 안내자는 당연히 꽃의 보물이 어디에 숨어있는지 단서를 남긴다.

다. 반면 지면패랭이꽃(일명 꽃잔디)과 같은 몇몇 꽃들은 꽃을 피우는 동안 계절별로 색을 바꿔가면서 다양한 곤충을 유혹한다.

최근의 연구 결과, 일부 식물들은 본래 곤충을 유인하도록 만들어졌으나 새를 유혹하기 위해 꽃의 색을 바꿀 수 있도록 진화되었다는 사실이 밝혀졌다. 이러한 꽃의 색상에 꽃가루 매개자인 새들은 민감하게 반응하지만 수분에 별다른 역할을 하지 않는 특정 곤충 꽃가루 매개자들은 거의 반응하지 않는 장파장을 반사시킨다. 장미가 빨갛고 제비꽃이 파란 것도 그러한 색에 반응하는 꽃가루 매개자들이 있는 경우에만 그럴 것이다.

비 색상이 있는 것처럼 보인다. 이는 꿀벌이 일명 '꿀벌 자주색'으로 알려진 색상에 민감하기 때문인데 이 색은 노랑과 자외선으로 나타나는 빛의 파장이 혼합된 것이다. 꿀벌은 자외선의 단파장을 볼 수 있어 꿀벌 자주색을 인식할 수 있지만 우리는 자외선을 볼 수 없으므로 그저 노란색 파장으로만 보인다.

버섯과 곰팡이

균류에서 발견되는 빛나는 색채에 대해 잘 알지 못하는 사람들이라면 내가 그린 몇몇 그림이 환상의 결과물이라고 생각할 것이다. 하지만 그렇지 않다. 의구심을 가지고 자세히 살펴보길 바란다. 자신의 그림물감이 숲의 아름다움을 전부 스케치하기에는 턱없이 부족하다는 사실을 발견하게 될 테니.

— 메리 배닝 Mary Banning

먼저 중요한 사실을 지적하자면, 일단 균류는 식물도 동물도 아니며 자신들만의 굳건한 왕국을 가지고 있다. 즉 균류는 식물과 동물이 교묘하게 결합된 것이지만 그렇다고 이 둘 중 하나에 해당하지도 않는다. 우선 균류에는 엽록소가 없으므로 광합성을 수행할 수 없고 동물처럼 음식을 직접 섭취할 수도 없다. 대신 죽은 식물이나 토양 등 식량원 자체에서 자라면서 환경에 효소를 분비한다. 그런 다음 직접 분해한 분자를 다시 흡수한다. 이러한 소화 과정은 동물들과 유사하지만 동물과 달리 조직 내부가 아닌 외부에서 이루어진다.

균류는 흔히 버섯과 곰팡이 형태로 발견되며 둘 다 놀랍도록 다양한 색상을 자랑한다. 하지만 균류 대부분은 동물을 통해 수분하지 않는다. 균류는 씨앗과는 달리 균류 포자라는 균류 번식 메커니즘을 이용하며, 여기에는 원시 형태의 식물이 포함된다. 포자는 싹을 틔우고 새로운 균류로 자랄 수 있는 핵을 가진 세포 한 개나 소수의 핵이 있는 몇몇 개의 세포를 말한다. 또 현미경을 통해야만 볼 수 있을 만큼 매우 작아서 해조류가 물 위를 떠다니는 것처럼 공기 중에 떠다닐 수 있다.

그래서 대부분의 균류 포자는 공기를 통해 퍼지는데 그중 일부는 물이나 곤충, 다른 동물들의 방해를 받을 수 있다. 그뿐만 아니라 햇볕에 포함된 자외선의 영향을 받아 핵의 취약한 부분이 손상될 수 있다. 그래서 많은 포자가 세포벽에 있는 색소를 사용하여 자외선을 차단한다. 우리가 슈퍼에서 흔히 볼 수 있는 갈색 버섯은 멜라닌 색소에서 비롯된 것으로 우리 인간의 피부를 보호하는 것과 동일한 물질이다. 이와 같은 원리가 무지개

눈알 유리! 많은 식물이 다양한 색의 꽃을 피우는데, 꿀과 꽃가루가 저장되어 있는 꽃의 가운데 부분부터 한 가지 색에서 다른 색으로 색채가 전이된 것도 있다. 이러한 눈알 유리는 꽃의 꿀이나 즙 안내자로 불리며 식물을 수분시키는 동물들에게 제시하는 것과는 또 다른 색상 지도를 제공한다. 어떤 꽃에는 화살표 같은 것도 들어 있는데, 이러한 화살표는 진한 색상 선으로 표시되어 꿀이 어디에 있는지 직접 보여준다. 곤충은 이를 보고 자연스레 식물의 중심부로 이끌리게 된다.

이러한 꿀 안내자들 중 일부는 인간들에게 보이지 않는다. 가령 우리 눈에는 완전히 노란색으로 보이는 오이꽃이 꿀벌에게는 꽃 중심부에 대

무지개색 균류

애주름버섯Mycena interrupta

알려지지 않은 자낭균

양주컵버섯 송이속Cookeina tricholoma

제비꽃끈적버섯Cortinarius io

이끼꽃버섯Hygrocybe psittacina

붉은사슴뿔버섯Podostroma cornu-damae

끈적두건버섯Leotia viscosa

알려지지 않은 자주방망이버섯Lepista 종

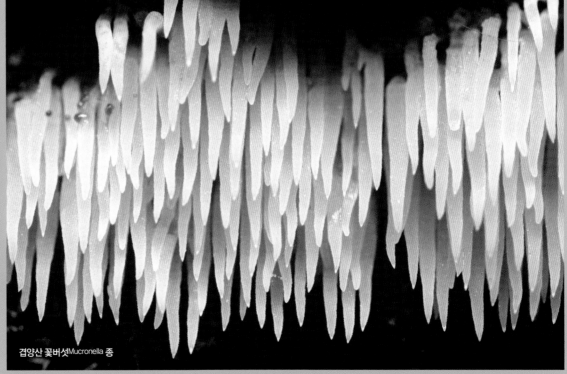

겹양산 꽃버섯Mucronella 종

칼로플라카 나미벤시스Caloplaca Namibensis,
나미비아의 스켈레톤 코스트 공원Skeleton Coast Park 북쪽
나미브 사막에 있는 돌과 암석 밑에 자라는 이끼

색 균류를 형성하는 다른 색소에도 적용된다.

이끼의 기이한 사례 우리의 다색(多色) 여행은 식물의 왕국을 통과하면서 지의류인 이끼에 이르러 다시 한 번 혼란을 겪게 된다. 이끼는 일종의 식물이자 동물로 단일 생체가 아니다. 정확하게는 절반은 균류이고 절반은 조류, 또는 남조류에 해당한다. 실제로 살아 숨 쉬는 공생체의 좋은 예라 할 수 있다. 이 공생체의 절반을 차지하는 조류는 광합성을 거치고 나머지 절반인 균류는 좋은 서식처를 제공한다.

덕분에 이끼는 지구상에서 가장 오래된 유기체로서 얼어붙은 툰드라나 타는 듯이 뜨거운 사막과 같이 다양한 환경에 생존하며 역시나 놀랍도록 다양한 색상을 띤다.

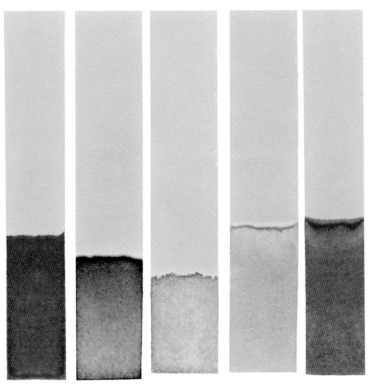

로켈라Roccella 속은 리트머스 시험에 가장 많이 사용되는 지의류다. 리트머스 시험에 사용된 종이는 테스트하려는 물질의 산도에 따라 다른 색으로 나타난다. 알칼리도가 높으면 자주색과 파란색, 산성도가 높으면 주황이나 빨강으로 나타난다.

이끼는 수국과 마찬가지로 산도에 매우 민감해서 리트머스 시험의 근원이자 물질의 산성도나 알칼리도를 측정하는 주된 방식으로 쓰인다. 과거에는 이끼를 갈아 가루로 만든 다음 소변을 넣으면 테스트가 완성되었다. 하지만 오늘날에는 테스트에 사용된 종이에 이끼 용액이 스며들도록 하는 방식을 활용하므로 더 이상 소변이 필요 없다.

이끼가 산성 또는 알칼리성 물질에 노출되면 화학 구조가 변경된다. 가령 산성 물질을 이끼 용액에 적시면 빛의 장파장을 반사시켜 빨간색으로 나타나지만 기본 물질은 빛의 단파장을 반사시켜 파란색으로 나타난다.

이러한 특성을 활용해서 만들어진 이끼 염료는 풍성하고도 뚜렷한 역사를 자랑한다. 단순히 물에 이끼를 넣고 끓이기만 해도 만들 수 있어 제작하기 쉬운 데다 색상도 초록에서 주황까지 다양하게 나타난다. 여기에 암모니아를 약간 추가하면 빨강이나 자주색도 만들어낼 수 있다. 자주색은 그 자체로도 진귀했지만 역사상 가장 유명한 색상인 티리언 퍼플Tyrian Purple(고대의 자줏빛 또는 진홍색의 귀한 염료)의 효과를 높이기 위한 기본 염료로도 사용되었다. 이끼로 만든 염료는 울이나 비단의 염색제뿐 아니라 아메리카 인디언들의 보디 페인트 원료로도 사용되었다.

캐나다 온타리오 주 매니툴린 섬의 엽상지의(葉狀地衣)

초록

돈, 경험 부족, 천국, 질투, 재활용 선호, 원예 솜씨. 이 모든 것

들이 우리가 초록으로 인식하는 색상과 연관이 있다. 아니, 초록

색은 우리가 생각하는 것보다 더 본질적이다. 우리가 아마존 정

글에서부터 콘크리트 정글까지 다양한 환경에서 살아 숨 쉴 수

있는 것도 푸르른 자연 덕분 아니던가. 우리를 둘러싼 이러한 녹

색을 담당하는 색소가 바로 엽록소로, 학명은 클로로필Chlorophyll

이다. 클로로필은 일견 과학 용어로 보이지만 실제로는 녹색이나

나뭇잎을 뜻하는 그리스어에서 유래되었다. 엽록소가 인간의 생

존에 필수적인 산소를 생성하는 역할도 한다는 점을 감안하면 녹

색은 우리 삶에 필요불가결한 요소라고 할 수 있다.

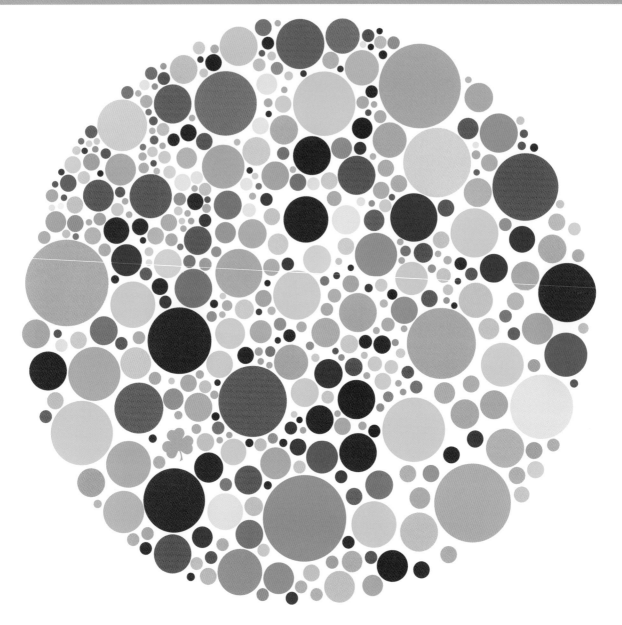

문명, 종교 그리고 자연 세계의 상호작용은 이슬람교에서 매우 분명하게 드러난다. 회교도 사원의 녹색 지붕은 많은 이슬람 국가의 녹색 국기와 함께 이슬람교와 녹색 간의 특별한 관계를 보여준다. 회교도들에게 있어 녹색은 기본적으로 천국, 부활 그리고 선지자 마호메트와 연관되어 있다.

또한 이슬람 세계에서 파라다이스라는 단어는 '정원'을 의미한다. 본래 고대 페르시아와 그리스, 또는 아랍어에서 유래된 말이긴 하지만 꽤나 상징적이다. 또한 코란은 천국에서 입는 녹색 예복, 그리고 영원한 정원에 비치된 녹색 비단 침상을 가리킨다. 앞서 다룬 식물계와 연관시키자면 코란에는 사막에도 강수가 내려 세계가 갑작스럽게 녹지화된다는

표현이 여러 번 등장한다. 또한 부활은 강수가 내려 땅 전체에 새로운 새싹이 싹트기 전까지는 알 수 없는 가능성의 씨앗으로 상징화된다.

이렇듯 녹색이 지배적인 것은 선지자 마호메트 덕분인데, 그는 평소 녹색이나 흰색 또는 녹색과 흰색이 혼합된 옷을 즐겨 입었다.

또한 중세 이슬람의 시에서도 녹색을 찾아볼 수 있다. 가령 천국에 있는 산으로 묘사된 카프Qaf산 역시 녹색을 띠는 것으로 묘사되었다. 하늘 역시 마찬가지였는데 일부는 카프 산이 반사된 것이라고 한다. 심지어 물조차 녹색으로 묘사되었다. 위대한 수피교도 시인 루미Rumi는 다음과 같이 표현했다.

Everyone talks about greenery(누구나 녹색을 말한다),

not with words(단지 언어로만이 아니라),

but quietly, as green itself(녹색이 그 내부로부터)

talks from inside(조용히 자신을 대변한다),

as we begin to live our love(우리가 사랑으로 살기 시작할 때).

－〈안으로부터의 녹색Green from Inside〉
콜만 바크스Coleman Barks의 『루미: 빅 레드 북Rumi: The Big Red Book』

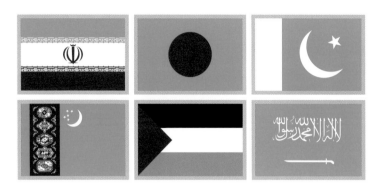

이란, 방글라데시, 파키스탄, 사우디아라비아, 팔레스타인, 투르크메니스탄의 국기. 모두 디자인에 녹색이 포함되어 있다.

그린 맨 수피교도 선지자인 알 키드르Al-Khidr는 코란에서 모세에게 인내의 중요성에 대해 가르치는데 이 부분은(18장 60~82절) 녹색과 이슬람교와의 연관성을 보여주는 또 다른 예에 해당한다. 마호메트의 동행이 그에게 이방인의 유래에 대해 묻자, 마호메트는 단순히 그 사람이 그린 맨Green Man 알 키드르라고 답했다. 이 별명의 출처에 대해 묻자 마호메트는 알 키드르가 불모의 땅에 앉자 땅에서 초록색 새싹이 돋아났다고 말한다.

여기서 알 키드르는 부활, 이해, 인내를 상징하며 종종 수피교도 지도자들 앞에 나타나 그들에게 기도를 촉구한다. 그는 수피교도 지도자들이 심사숙고해야 할 가르침이나 실행을 전수했으며, 그 결과 그들의 믿음이 소생했다.

특별한 힘을 가진 그린 맨은 코란에만 국한되는 것이 아니라 인류 역사를 통틀어 전 세계의 문화 속에서 지속적으로 나타난다. 그들은 아직도 8월의 여름날 석조 건축물의 처마 밑이나 정원 애호가들의 카탈로그 페이지 사이사이에서 나뭇잎으로 얼굴을 감싼 정교한 석제 조각의 형태로 바깥을 엿보고 있다.

라마, 비슈누의 화신

13세기 수피교도 시인 루미는 터키의 코냐 지방에 있는 일명 그린 돔The Green Dome이라는 아름다운 무덤에 매장되어 있다.

인류학자들은 이러한 기이한 조각들이 '그린 맨'을 상징한다고 본다. 누군가는 사후 세계를 담당하는 녹색 피부의 이집트 신 오시리스Osiris라고 한다. 그럴듯하다. 힌두교의 화신 라마도 보통 녹색으로 묘사되고 티베트 불교도인 신비주의 가수 밀라레파Milarepa는 초록색 쐐기풀만 먹으며 근근이 살아가다 결국 녹색으로 변했다는 이야기가 전해진다. 그 외에도 영국 전통문화에는 수많은 녹색 인물들이 등장한다. 여기에는 14세기 아서왕의 시 〈가웨인 경과 녹색의 기사Sir Gawain and the Green Knight〉에 나오는 녹색의 기사, 영국의 민화와 셰익스피어 문학에 등장하는 숲의

요정 퍽, 숲 속에 살면서 인상적인 녹색 복장을 한 로빈 후드, 그리고 네버-네버랜드라는 마법 숲에 사는 피터팬 등이 포함된다.

또한 그린 맨은 예상대로 지구와 깊은 관계가 있는 것으로 알려져 있다. 그중 일부는 지구 중심에서 직접 튀쳐나온 것처럼 보일 정도인데 초자연적 힘을 가지고 있어 그 힘으로 영원히 살 수 없는 평범한 사람들에게 영생이라는 마술적 자질을 부여한다. 많은 사람들이 사후에 부활하거나 영생의 능력을 얻게 될 거라고 믿는다. 또한 그린 맨은 경우에 따라 그 초록 발끝을 암흑의 세계에 담그기도 한다. 아마 이 때문에 악마가 가끔 녹색으로 묘사되는 것이리라.

밀라레파

17세기에 그려진 이 그림에서 알 키드르는 물고기를 타고 물을 건넌다.

녹색 눈의 괴물 이렇듯 그린 맨은 영국 문학이나 설화에 재미를 더하는 존재다. 단, 우리가 녹색을 부러움이나 질투와 연관시키는 것은 셰익스피어의 영향이다. 이러한 묘사는 『베니스의 상인The Merchant of Venice』에서 포샤의 외침을 통해 처음 등장한다.

How all the other passions fleet to air,
(모든 열정이 이렇게도 덧없이 날아가 버리는구나),
as doubtful thoughts, and rash-embraced despair,
(의심스러운 생각과 경솔하게 품은 절망감이여),

남의 떡이 항상 더 큰 것일까?

셰익스피어는 아마 녹색을 기독교의 대죄 일곱 가지 중 여섯 번째인 탐욕과 동일시하기로 선택한 것 같다. 셰익스피어가 비유로 사용한 'The grass really is greener on the other side of the fence(남의 떡이 더 커 보인다)'라는 표현이 있다. 이는 어쩌면 풀밭에 서서 바로 아래의 풀을 내려다봤을 때 이 녹색 왕국에 숨어 있는 먼지, 자갈, 나뭇가지, 작은 꽃들, 나뭇잎들까지 너무 자세히 보이는 반면 이웃집 뜰을 바라보면 풀이 더 파랗게 보이기 때문일지도 모른다. 그런데 우리가 이웃집 뜰을 바라볼 때면 풀을 바로 위가 아닌 옆에서 비스듬히 보게 된다. 이에 따라 광학적 법칙상 시야에서 모든 불필요한 것들이 사라져 풀이 더 파랗게 보이는 것이다! 그러니 다음번에 이 녹색 눈의 괴물이 당신을 사로잡으려 할 때면 더 파랗게 보이는 이웃집 풀밭이 그저 착각에 불과하다는 사실을 기억하라.

and shuddering fear, and green-eyed jealousy!
(몸서리쳐지는 두려움과 녹색 눈을 가진 질투여!)

또한 『오셀로Othello』에서 악랄한 이아고는 다음과 같이 경고한다.

O, beware, my lord, of jealousy;
(왕이시여, 섣불리 질투하지 마십시오.)

구리에 생기는 푸른 녹의 색깔은
녹색에서 청록색까지 다양하다.

It is the green-ey'd monster, which doth mock/
The meat it feeds on.
(그것은 자신이 집어삼킨 피해자를 조롱하는 초록 눈의 괴물입니다.)

매우 푸른 녹 자유의 여신상, 오래된 동전, 빈에 있는 호프부르크 왕궁, 모두가 청록색 녹청을 사용한다. 이 녹청은 구리, 청동, 기타 유사 금속이 산소, 물, 이산화탄소 또는 황에 노출되면서 발생하는 아름다운 물질이다. 먼저 화학 반응을 통해 탄산동이 생성되는데, 이 탄산동은 녹색 광물인 말라카이트malachite와 상당히 유사한 선명한 녹색을 띤다. 사실 말라카이트는 탄산동으로 구성되어 있으므로 이러한 현상은 그저 우연의 일치라고 할 수 없다.

얀 반 에이크Jan Van Eyck의 〈아르놀피니의 결혼The Arnolfini Marriage〉 1434년.
회화 역사상 푸른 녹을 가장 인상적으로 활용한 예라고 할 수 있다.

마기Magi의 성당에 그려진 프레스코화에 가득한 녹청.
베노초 고촐리Benozzo Gozzoli로 알려진
베노초 디 레세 디 산드로Benozzo di Lese di Sandro의 15세기 작품.

급되었다. 실제로 녹청은 오일과 함께 회화에 쓰이는 모든 녹색 색소를 만들어내는 가장 생생하고 안정적인 재료였다. 간혹 녹청은 독특한 화학 반응을 일으켜서 청록색을 이끼 연두색으로 바꾸었는데 안정화되면 신록의 파릇파릇함이 캔버스에 그대로 살아있는 듯 보이는 효과가 있었다. 반면 녹청을 오일과 혼합해서 사용하지 않은 화가들의 그림에서는 불행히도 또 다른 화학적 변화가 발생하여 그 아름답던 청록색이 결국 갈색으

자유의 여신상이 녹청색 색조를 띠기까지 얼마의 시간이 흘렀을까?

원래의 구릿빛에서 완전히 녹청색을 띠기까지
대략 30년이라는 시간이 걸렸다.

수세기 동안 탄산동은 의도적으로 제작되어 녹청으로 알려진 색소를 만드는 데 사용되었다. 실제로 그리스인들은 식초나 와인 통 위에 동판을 걸어 녹청이 빠르게 생성되도록 한 후 긁어내기도 했다. 게다가 녹청의 유용성은 이것뿐만이 아니었다. 그리스, 로마, 이집트 사람들은 자연적으로 생성된 이 항균 제품을 감염을 막는 데 활용했다.

또한 르네상스 시대 예술가들은 자신들을 둘러싼 자연 세계를 보다 사실적으로 표현하는 데 관심을 두었는데 녹청이 특별히 중요한 색소로 취

위 사진의 청록색 구리 동전은 의심할 여지 없이 산화되었거나 황화물에 노출되었다.
그 결과 녹청색을 띤다.

왔노라 녹청을 보았노라

로마시대에는 녹청이 밝은 녹색 페인트에서
의학적인 적용에 이르기까지 다양한 용도로 활용되었다.

목재 방부제

상처 소독

형형색색의
색소 및 염료

눈의 충혈 및
백내장 치료

선명한 페인트

일명 패리스 그린Paris green이라고 하는 에메랄드 그린은 이 사진처럼 벽지로도 자주 이용되었다.

로 변하고 말았다.

18세기 말, 녹청은 또 다른 놀라운 모습을 드러냈다. 프랑스 화학자 조제프 프루스트Joseph Proust는 탄산동에 대한 그의 연구를 토대로 정비례의 법칙을 만들었다. 이 법칙에 따르면 각각의 물질을 이루고 있는 성분의 질량비는 일정하다. 물을 예로 들자면, 그 출처에 관계없이 물 9그램은 수소 1그램과 산소 8그램으로 구성된다. 이 가설로 인해 프루스트는 자신도 모르는 사이에 현대 원자론의 선구가 되었는데, 원자론에서는 이와 유사하게 모든 원소가 일정 비율을 가진 다양한 종류의 원자로 구성되어 있다는 것을 보여준다.

녹색 죽음 이렇게 조제프 프루스트가 현대 화학의 추세를 바꾸는 동안 18세기 마지막 해의 9월이 시작되었다. 이 무렵에는 장식적인 효과가 있으면서 동시에 위험한 또 다른 녹색이 잘 꾸며진 집안에 정착하기 시작했다.

셸레 그린Scheele's green, 즉 이전에 퇴색하지 않

는 색으로 염색했을 때는 얻을 수 없었던 황록색을 발견한 데서 시작되었다. 문제는 이 셸레 그린이 비소(몇 가지 동소체 형태를 이루는 맹독의 반금속 원소)로 만들어졌다는 것이다. 이 독성 물질의 아주 미세한 입자들은 건조한 상태에서 공기 중에 떠다녔는데 설상가상으로 습한 상태가 되면 상황이 더욱 악화되었다. 이 염료가 곰팡이를 형성하여 공기 중에 다량의 비소를 배출하면서 마늘 향수나 '쥐' 냄새로 묘사되는 고약한 냄새를 풍겼던 것이다.

그 후 1814년 에메랄드 그린이 출시되자 이 밝은 금속성 색조는 똑같이 비소가 가미된 셸레 그린보다 훨씬 많은 인기를 누리며 오늘날까지도 널리 사랑받게 되었다. 이 색상은 더 밝고 더 오래가서 제약이나 제과는 물론 거실의 벽지나 드레스 천, 양초의 밀랍에 사용되었으며 성능 좋은 쥐약의 재료가 되기도 했다.

아마 여러분은 쥐약을 먹고 죽은 쥐가 에메랄드 그린의 치명적인 효과를 입증하는 실마리가 되었을

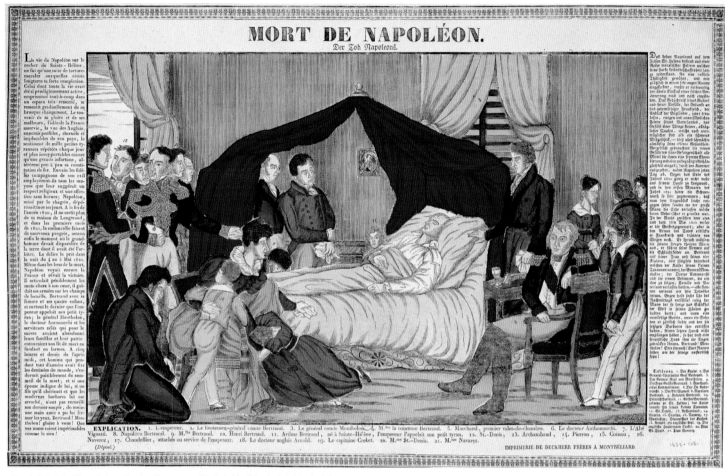

임종 당시의 나폴레옹 보나파르트Napoleon Bonaparte. 뒤쪽에 악명 높은 녹색 벽지가 눈에 띈다.

거라고 추측했으리라. 하지만 1861년 한 영리한 의사가 비소의 독성을 발견해내기 전까지는 아무도 이를 눈치 채지 못했다. 그는 최선을 다해 사람들에게 경고의 메시지를 전달했지만 에메랄드 그린의 엄청난 인기가 가져다주는 짭짤한 수익에 눈이 먼 염료 제작자들을 막기에는 역부족이었다. 결국 비소가 치명적일 수 있다는 사실이 확실히 입증된 19세기 말에 이르러서야 이 치명적인 성분이 녹색 염료에서 영구 제명 처분되었다.

수십 년간 많은 사람들은 나폴레옹이 비소 중독으로 사망했다고 믿어왔고 실제로 사망 당시 그의 혈액에서 발견된 비소는 상당히 높은 수치를 기록했다. 나폴레옹의 죽음에 대해 제기된 또 한 가지 가설이 바로 그의 방 벽지로 사용된 셸레 그린이다.

하지만 위의 모든 가설은 낭설로 밝혀졌다. 비록 나폴레옹의 비소 수치가 평균 대비 상당히 높긴 했지만 당시 만연한 셸레 그린과 같은 염료 덕분에 당대의 많은 사람들은 그와 비슷한 수치의 비소에 노출된 상태였다.

녹색 뮤즈 빈센트 반 고흐, 마크 트웨인, 어니스트 헤밍웨이, 폴 고갱, 에드가르 드가, 에두아르 마네, 기 드 모파상, 파블로 피카소, 에드거 앨런 포, 앙리 드 툴루즈 로트레크, 오스카 와일드, 심지어 테오도어 루스벨트까지 모두 적어도 한 가지 공통점을 가지고 있었다고 한다. 삶의 어느 순간엔가 '그린 뮤즈'를 한잔 또는 여러 잔 마셨다는 것이다. 그린 뮤즈는 결코 은유적인 표현이 아니라 전 세계를 뒤흔든 압생트Absinthe라는 아주 독한 술이었다.

'녹색 요정' 또는 단순히 '그린'이라고 불리는 압생트는 고대에 의학적

용도로 사용되었을 즈음에는 술이나 숙취와 전혀 무관하게 사용되었다. 고대 그리스, 이집트, 로마인들은 여기에 비소, 회향(향이 강한 채소) 그리고 약쑥(경우에 따라 다른 약초)을 섞어 소독제, 벌레 물린데 바르는 약, 방충제 등으로 사용했다. 하지만 18세기 말, 압생트는 유흥을 위한 마실 거리의 원조로 자리 잡게 되었다.

이렇듯 압생트가 주류로 자리 잡게 된 또 다른 이유로는 말라리아가 있다. 아프리카로 원정을 간 프랑스 군인들에게는 질병을 완화해주는 음료가 제공되었는데, 많은 군인들이 곧 이 음료의 달짝지근한 감초 맛과 알딸딸해지는 알코올에 반하고 말았다. 그 후 압생트는 약용 재료에서

일종의 친목 도모제로 빠르게 전환되었다.

압생트의 녹색은 뒤섞인 식물 잎에서 배출된 엽록소에서 비롯되었다. 이 혼합물에 물과 설탕을 넣고 양조 과정을 거쳤다. 심지어 일부는 이 녹색 음료에 사로잡혀 실성했다고도 전해진다. 이렇듯 극단적인 반응이 일어나자 1907년 스위스에서는 압생트를 위험 물질로 간주하여 금지하기도 했다. 그 후 1915년 프랑스에서도 잇달아 이 인기 많은 음료를 금지하기에 이르렀다.

압생트가 다시 등장한 것은 1980년대에 들어서였다. 이 음료에 대한 화학자들의 연구 결과 환각 현상의 실제 원인은 단순히 숙취에 의한 것이

보기 드문 압생트 포스터 광고. 1895년 노버Nover 디자인 및 인쇄

압생트가 위험한 술로 간주되기 시작하자 이전의 광고가 아래와 같이 바뀌었다. 1910년 프레더릭 크리스톨Frederic Christol의 작품이다.

라는 사실이 분명해졌기 때문이다. 그렇다 해도 일부 저가의 압생트 양조업체는 비용을 절감하기 위해 양조 과정에서 압생트의 천연 녹색을 제거하고 이를 동염(銅鹽, 구리염)으로 만들어진 식품 착색체로 대체했다.

이러한 소금에는 독성이 있었으며 많은 사람들이 경험한 것으로 보고한 광기의 원인이 되었을 수도 있다.

그럼에도 압생트는 누명을 벗자마자 다시금 유행하게 되었다.

물 3

고수
강황Angelica Root
약쑥
회향 씨
그린 아니스 씨
스타 아니스Star Anise

압생트 1

무엇이 녹색을 더 녹색답게 만들까?

약초 혼합물의 잎에 포함된 엽록소는 압생트의 녹색을 만드는 데 사용되었다.
약쑥, 아니스, 회향은 압생트에서 일반적으로 찾아볼 수 있었는데,
그 외에도 스타 아니스, 신선초, 고수 등이 추가되곤 했다.

압생트의 주성분인 약쑥

혹은 어느 것?

아래 그림을 보면 녹색 수술복에서의 피가 덜 충격적으로 보인다는
사실을 알 수 있을 것이다.

수술복 효과 20세기에 들어서고 수십 년이 지난 후에도 외과의들은 여
전히 외출복을 그대로 입은 채 수술에 임했다. 위생학이 감염을 방지하
는 예방법으로 받아들여진 것도 딱 한 번뿐이었으며, 당시에는 청결을
위해 흰색 옷이 채택되었다. 하지만 이러한 관습도 오래가지 못했는데,
수술실에 흰색이 너무 만연하다 보니 여러 가지 문제가 발생했기 때문이
다. 우선 흰색 천에서는 피가 너무 두드러져 보인다. 담당 외과의가 흰옷
에 온통 피를 묻힌 채 나타났다면 그가 조금 전까지 얼마나 끔찍한 일을
했을지 너무도 분명하게 짐작할 수 있을 것이다. 분명 그다지 편안한 장

면은 아니리라.

이러한 미학적인 측면을 차치하더라도 흰색은 실제로 외과의의 수술
을 방해한다. 한동안 특정 색상을 띤 물체를 응시하다 흰색 물체를 보면
흰색 배경 위에 맨 처음 보았던 색의 보색이 둥둥 떠 있는 것처럼 보이는
경향이 있다. 다음의 빨간색 원을 보면서 이 과정을 직접 실행해보자. 빨
간색 원을 30초 동안 응시한 다음 오른쪽에 있는 흰색 원을 바라보라. 그
러면 흰색 원 위로 녹청색 그림자가 보일 것이다.

 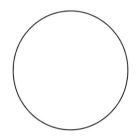

이렇듯 색이 떠 보이는 부유 현상만으로도 충분히 집중하기 어려운데
수술실에 있는 빨간색은 더 큰 문제를 일으켰다. 사람의 눈이 특정 색상
에 너무 오래 노출되면 눈의 감각이 저하되어 실제 색상을 올바르게 인지
할 수 없게 되는 경향이 있다. 외과의의 눈이 가장 민감하게 반응해야 할
색상은 바로 유혈이 낭자할 때의 빨간색임에도 말이다.

이 문제는 1960년대에 들어 청록색 수술복을 입게 되면서 멋들어지게
해결되었다. 청록색은 빨간색의 보색으로 빨간색 피가 청록색 수술복에
튀면 다른 보색을 섞을 때와 마찬가지로 갈색으로 변한다. 시각 둔감화
로 인해 수술실에 있는 색이 둥둥 떠 보이는 현상이 일어나는 경우(이 경
우 청록색), 이렇듯 부유하는 색상이 사라지고 눈이 감각을 되찾게 된다.
그렇다. 이 평범하다 못해 초라한 청록색 수술복 덕분에 외과의들이 응
급 우회로술에 더 집중할 수 있게 된 것이다.

아프리카 잔가지 사마귀 껍질의 갈색부터 무지갯빛의 모르포 나비(중남미의 각종 대형 나비)에 이르기까지 동물의 색은 천적으로부터 자신을 보호하거나 배우자에게 구애하는 열정적인 쇼를 위해 사용된다. 결국 동물들의 색상은 '저리 꺼져!'와 '언제고 들러!'의 전혀 다른 두 가지 의미를 모두 지닌다고 할 수 있다.

색상이라는 렌즈를 끼고 동물의 왕국을 보다 보면 무엇보다 곤충, 물고기, 새들이 형형색색의 유려한 무지갯빛을 드러낸다는 것을 알 수 있다. 반면 포유동물은 갈색이나 베이지, 검정, 회색, 그리고 몇몇 빨강 및 노랑 색조를 포함하여 대체로 무채색을 띤다.

동물의 모습이 어떻든지 간에 색상은 동물들이 먹을 것과 짝짓기할 상대를 구분하기 위한 도구로 사용된다. 또한 동물은 색을 통해 자신의 모습을 숨기거나 동료 생물들을 위협할 수 있다.

파란 눈을 깜빡이거나 청록색 꼬리를 흔들거나 금색 갈기를 일렁거리든지 색상은 생태계에서 각 동물의 현 상태, 즉 서식지, 행태, 심지어 소소한 사랑을 얻기 위한 기회 등을 파악하는 중요한 실마리가 된다.

동물의 왕국에서 색조, 음영, 밝기는 동물의 종을 기르거나 보호하는 데 일조한다. 자연은 번식과 생존을 위해 색을 도구로 활용하는 동물들을 훌륭하게 지원해왔다.

피부, 비늘, 털, 깃털의 색상은 색소와 구조색(색채에 의존하지 않고 물체의 구조에 의해 나타나는 유채색)이라는 두 가지 서로 다른 원인으로 인해 발현된다. 대부분의 동물들은 이 중 한 가지 원인의 영향을 받지만 일부 동물은 이 두 가지 원인의 영향을 모두 받는다.

색소 놀이 이전 장에서 우리가 식물과 색소 간의 관계에 대해 논의한 대부분의 사항들이 동물들에게도 적용된다. 식물에서와 마찬가지로 동물의 피부, 털, 깃털에 포함된 색소는 빛의 특정 파장을 흡수하거나 반사한다.

동물계, 특히 포유동물에게서 가장 많이 발견되는 색소 중 하나는 바로 멜라닌이다. 멜라닌 색소는 연회색에서 검정, 베이지에서 진갈색, 적갈색에서 금발까지 방대한 범위의 색상을 발현시키지만 우리가 흔히 자연에서 마주치게 되는 아주 밝고 선명한 색상과는 연관성이 없다.

식물계에서 가장 중요한 역할을 담당하는 엽록소의 경우 동물계에서는 그저 부차적인 역할만을 담당할 뿐이다. 동물은 자체적으로 엽록소를 생성하지 못하고 그저 섭취할 수만 있는데, 주로 선홍색, 주황색, 노란색과 연관되어 있는 카로티노이드 색소도 마찬가지다.

흠...

벌새의 아름다움은 불빛을 받아 희미하게 빛나는 화려한 깃털과
불빛에서도 변치 않는 소박한 색상의 깃털이 대조되는 데서 비롯된다.

꼬리 깃털,
날개, 가슴의 색상은
변치 않고 그대로 유지된다.
색소가 이러한 색상 유형의
근간을 형성한다.

벌새를
가까이에서 보면
등쪽의 깃털 일부가
희미하게 빛나는 것을
볼 수 있다.

벌새의
등 색상은 움직일 때나
보는 사람의 각도에 따라
변한다. 구조색이 이러한
색상 유형의 근간을
형성한다.

다양한 모양과 크기, 색상을 가진 개들을 보라. 이토록 다양한데 어떻게
개라는 하나의 종으로 묶게 되었을지 의아해한 적이 있을 것이다.
이 모든 색상이 멜라닌이라는 한 가지 색소에 의해서 만들어졌다는 것을
알면 이해하는 데 조금이나마 도움이 될 것이다.

멜라닌 색소가 함유된 동물들

멜라닌의 가장 일반적인 형태로는 유멜라닌eumelanin과 페오멜라닌pheomelanin이 있다.
페오멜라닌의 경우 멜라닌의 가장 밝은 표현으로 빨간색 머리카락이나 털이 포함된다.

여느 식물과 마찬가지로 동물에게도 색소는 우선 태양의 자외선으로부터 자신을 보호하기 위해 부여된 것이며 그 외에도 색소를 통해 발현되는 색상은 동물들이 생존하고 짝을 찾을 수 있도록 도와준다. 동물이 식물과 다른 점이 있다면 많은 동물들이 식물을 섭취할 때 그러한 식물에 포함된 색소가 동물의 색상에 직접적인 영향을 미친다는 것이다.

무엇을 먹느냐에 따라 동물의 색이 달라진다 빨간색 딸기를 먹고 덩달아 빨갛게 변한다면 믿을 수 있겠는가? 일부 동물들에게는 실제로 그러한 현상이 나타난다. 가령 홍관조가 여름에 먹는 베리류는 깃털의 모낭

에 저장되어 홍관조가 계속해서 선홍색을 띠도록 해준다. 만약 홍관조를 잡아두고 씨앗만 먹인다면 털갈이를 할 때마다 깃털 색이 흐려지는 것을 볼 수 있을 것이다.

연어는 야생에서 다량의 카로티노이드를 섭취한다. 하지만 양식 연어는 이 색소에 접근할 수 없다. 홍학 플라밍고도 마찬가지인데, 이 새는 새우를 좋아해서 야생에서 아주 많은 양을 먹는다. 새우가 플라밍고의 위에 들어가면 끓는 물에 새우를 집어넣을 때와 비슷한 현상이 일어

플라밍고의 깃털 색이 그들이 먹는 새우의 색과
얼마나 흡사한지 놀라울 정도다.

때마다 변한다. 이러한 동물들의 특이한 색상은 비늘, 껍질, 날개의 구조
를 통과한 빛을 반사시켜 간섭과 회절 현상을 일으킴으로써 만들어진다.

예를 들어, 수컷 모르포 나비의 파란색과 보라색은 박막(薄膜) 은화(銀
化, 글라스의 표면이 무지갯빛으로 빛나는 현상)로 인해 생성된다. 이때 얇은
공기층이 나비 날개에 있는 얇은 표피 사이에 샌드위치처럼 끼워진다.
일부 모르포 속(屬)은 최대 10개에서 12개의 표피를 보유하기도 한다. 공
기와 표피는 빛을 약간 다르게 굴절시키므로 이러한 박막 간에 간섭이 발
생하여 빛이 특정 방향으로 굴절되고 색이 진해진다. 이 경우 우리가 파
란색으로 인지하는 단파장의 70~75%가 반사되는데, 이는 색소만으로
일어나는 은화 수치보다 훨씬 높다. 따라서 모르포 나비의 날개 색상이

육안으로는 모르포 나비의 날개가 진한 파란색으로 빛나는 것처럼 보인다. 하지만 아주 자세히 클로
즈업하면 숨 막히게 아름다운 무지갯빛을 생성하는 얇은 표피층이 드러난다.

난다. 이 경우 새우는 푸르스름한 회색에서 주황빛이 도는 분홍색으로
변하는데, 이 분홍색이 플라밍고 깃털의 색에 영향을 미치게 된다. 하지
만 새우는 값비싼데다 동물원에 많이 있지도 않다. 따라서 양식 연어나
우리에 갇힌 플라밍고의 피부나 깃털이 계속해서 아름다운 살색을 유지
하도록 하려면 식단에 카로티노이드를 일정량 넣어주어야 한다.

쉽게 변하는 구조색　희미하게 빛나는 비단벌레의 껍질 색, 모르포 나비
날개에 풍부하게 존재하는 파란색, 녹색 쉬파리의 반짝거리는 초록색은 볼

멋진 깃털 친구들

조류학자들 세계에서 새들은 그야말로 깃털 흔들리는 사이에(?) 빠르게 사라질 수 있다. 따라서 새를 구분하려면 아주 빠른 눈과 매우 정교한 색상 체계가 필요하다. 이에 따라 조류 관찰자들은 밤색, 에메랄드 색, 엷은 황갈색 등 보다 일반적인 색상 이름과 결합하여 다음과 같이 발음하기도 어려운 명명법을 사용하기도 한다.

적갈색Rufous
녹슨 것 같이 보이는 붉은빛 도는 갈색
적갈색 머리 코뿔새,
거대한 적갈색 나무발바리Woodcreeper

황록색Olivaceous
연한 노르스름한 녹색
황록색 나무발바리, 동방의 황록색 휘파람새

연한 청록색 Glaucous
푸르스름하거나 청록빛을 띤 회색
수리갈매기, 마코앵무새

황토색Ochraceous
진한 흙의 노란 빛 도는 주황색
황토색 굴뚝새, 황토색 가슴 딱새

진홍색Roseate
진한 분홍에서 장미 빨강까지
장밋빛 딱새, 진홍저어새, 붉은제비갈매기

보라색Violaceous
진한 군청색에서
선명한 자주색 사이의 모든 색
보라색 트로이 사람, 보라색 어치

회색Cinereous
잿빛 회색(경우에 따라 소량의 구릿빛 포함)
회색 콘도르, 회색 티나무의
메추라기 비슷한 새

황갈색Fulvous
연갈색에서 황갈색 사이의 모든 갈색
황갈색유구오리, 황갈색 꼬리치레

담황갈색Buffy
황갈색을 띤 연노랑. 염색되지 않은 가죽색
담황색 목 따오기, 광택 담황색 풍금조

공작새 깃털의 줄무늬는 구조색 효과를 만들어낸다.

더욱 찬란하게 빛나게 된다.

공작새나 비단벌레와 같은 종들의 경우 한 가지 특정 색상을 반사하는 대신 여러 색을 한꺼번에 반사한다. 그들의 깃털과 껍질은 모르포 나비와 동일한 유형의 박막 은화 효과를 드러내지만 스펙트럼상 더 많은 색으로 확산되어 무지개 효과를 일으킨다.

동물이 색을 띠는 이유와 그 방식　벌새의 등에서 희미하게 반짝거리는 녹색은 유혹의 몸짓임과 동시에 자신이 상대방을 유혹할 만큼 건강하다는 것을 나타낸다. 또한 이것은 벌새가 다른 수컷에게 자신의 우월함을 과시하면서 자신이 공들이는 암컷을 건드리지 말 것을 경고하는 의미이기도 하다. 말벌의 검정 및 노랑 줄무늬 역시 유혹과 경고를 동시에 드러낸다. 하지만 말벌의 경우 유혹보다는 경고의 의미가 좀 더 강하다고 할

이 8천만 년 전의 암모나이트 화석에서 발견되는 놀랄 만큼 다양한 무지갯빛 색조는 수백만 년 동안 이 동물의 껍질에 가해진 고열과 압력의 결과물이다.

점은 그저 빛 감지기에 불과하지만 이 동물의 왕국에서 수백만 년에 달하는 진화를 거치면서 매우 놀랍고 다양한 시각 처리 과정과 적응력을 발달시켜왔다. 오늘날 동물들 중 일부는 무수히 많은 색상을 식별하지만 일

수 있겠다. 수시로 변하는 갑오징어의 색조와 패턴은 이 약하디약한 수종이 수많은 포식자로부터 효과적으로 자신을 위장하면서 동료 갑오징어들과 효율적으로 의사소통하기 위한 수단으로 사용된다.

한편 극도로 화려한 피부나 깃털, 비늘을 가진 동물들은 색상을 생생하게 유지하기 위해 상당한 에너지를 소모해야 한다. 이러한 대가를 고려하면 색상은 종의 생존이라는 측면에서 상당한 이점을 제공해야 마땅하다. 이런 측면에서 볼 때 성 선택은 동물들의 에너지 소모를 정당화시키는 주요 원인이라고 할 수 있다.

동물의 생존과 빛 대지가 햇빛을 듬뿍 받음에 따라 살아있는 생물체들은 이 세상을 탐색하기 위한 수단으로 눈을 발달시켜왔다. 최초로 눈을 발달시킨 생물은 색을 충분히 인지하지 못했다. 대학 시절 생물학 입문 시간에 플라나리아를 반으로 가르던 때를 떠올려보면 이 편형동물에게 '안점'이라는 눈의 원시적인 형태가 있었음을 기억할 수 있을 것이다. 안

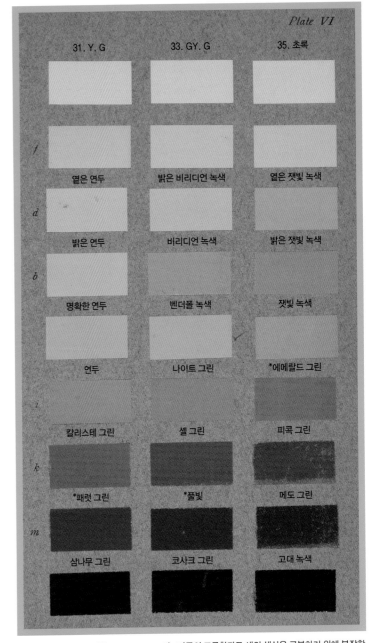

로버트 리지웨이|Robert Ridgeway(1850-1929)는 미국의 조류학자로 새의 색상을 구분하기 위해 복잡한 색상 체계를 개발했다. 이 색상계에는 총 1,115개의 색이 포함되어 있다. 위 그림은 리지웨이의 책 『색 표준과 색명법Color Standards and Color Nomenclature』 중 27개를 따온 것이다.

밤에 깨어있는 동물들의 경우 색을 감지하는 광수용체 수가 더 적다.

이러한 동물들에게는 회색 음영을 구분하는 것이 훨씬 중요하다.

박쥐에게는 아예 색을 감지하는 광수용체가 없으므로

세상을 오로지 검정, 흰색, 회색으로 감지한다.

반면 하루 종일 날아다니는 나비의 광수용체는

인간보다 더 많은 색을 감지한다. 그들의 세계는

변화무쌍한 일종의 색 만화경이라고 할 수 있겠다.

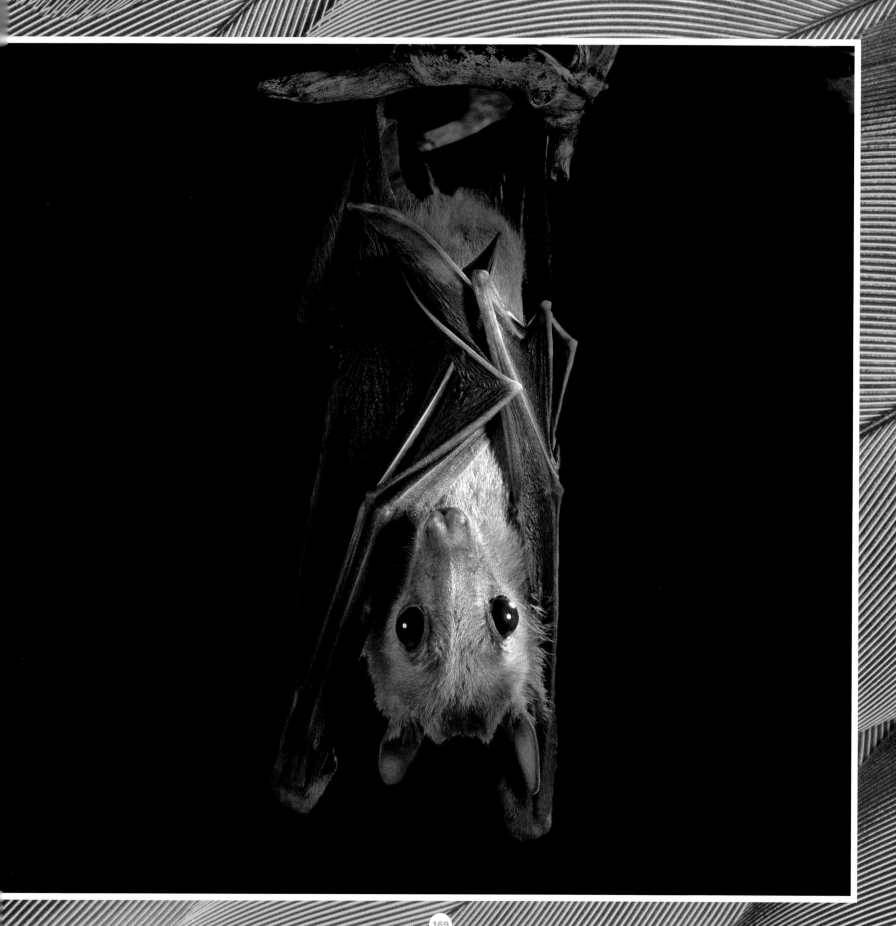

부는 여전히 암흑 속에서 헤매고 있다.

낮에 깨어있도록 진화된 동물들에게 있어 빛은 주요 생존 도구다. 낮은 무수히 많은 밝은 색상들이 전시되는 시간으로 이 시간에는 많은 동물들이 깨어있으면서 자신을 꾸미고 과시한다.

반면 밤에 깨어있도록 진화된 동물들의 경우 자신들이 깨어 활동하는 시간에 빛이 적다는 사실이 매우 중요한 의미를 지닌다. 이러한 야행성 동물들은 회색의 미묘한 차이를 분간해야 하며 자신들이 띠고 있는 색 또한 밤의 세계를 반영한다.

수생 동물 역시 마찬가지다. 빛이 투과되는 물에서는 색상이 어른어른 비치지만 더 깊은 심해에서는 이러한 색상이 제대로 드러나지 않는다. 흥미롭게도 심해에는 붉은색 물고기가 많다. 하지만 이들을 빛으로 끌어오기 전까지는 빨간색이 제대로 드러나지 않는데, 아주 깊은 심해에서는

인간과 기타 많은 동물들이 빨간색으로 인지하는 빛의 장파장이 가장 먼저 시야에서 사라지기 때문이다. 해수면에서 약 9미터 아래로 내려가면 동물들에게 노란색과 파란색만 보인다. 물론 이때 동물들의 원추 세포에서 노란색과 파란색을 구분할 수 있어야 한다. 이보다 더 깊이 내려가면 파란색만 보인다. 따라서 빨간색 동물이 쉽게 눈에 띄는 대부분의 육지 환경과 달리 물에서는 빨간색 물고기가 몸을 숨기기 용이하다.

생존과 색 동물 세계에서 색이 필요한 세 가지 주요 이유는 바로 음식을 찾거나 짝에게 구애하고 생존하기 위한 것이다. 모든 동물은 이러한 삶의 필연성에 대처하기 위해 감각을 필요로 하지만 종에 따라 한 가지 감각이 다른 감각보다 우세한 경향이 있다. 일부는 후각, 일부는 청각, 일부는 시각에 의존하는 식으로 말이다.

색이 화려한 열대어 자리돔과 놀래기류 어종이 보르네오 섬 석산호 아래의 얕은 물을 비추는 빛줄기에 아름다운 색상을 뽐내고 있다.

내 어깨 위에 갈색 수컷 새 한 마리

척추동물에게는 파란색 색소가 없다. 만약 파란색이 나타난다면 그것은 구조색의 결과물이거나 하늘을 파란색으로 변색시키는 산란 효과로 인한 것이다(62페이지 참조). 직접 실험을 해보면 알게 될 것이다. 파란 새의 깃털을 뽑아 뒤에서 빛을 비춰보라. 그러면 깃털이 파란색에서 갈색으로 변하는 것을 볼 수 있다. 역광에서는 산란 효과가 발생하지 않으므로 파란색이 사라지는 것이다.

왼쪽은 햇빛 아래에서 본 파란색 어치 깃털이고 오른쪽은 뒤에서 전등을 비출 때 보이는 파란색 어치 깃털이다.

산란 효과는 파란 눈의 뒤 또는 앞에서 일어난다. 우리 눈의 홍채에 있는 지방과 단백질의 미세한 입자에 빛을 비추면 빛이 산란된다. 우리 눈에 파랗게 보이는 단파장에서 더 많은 산란이 발생하므로 다른 색상보다 파란색이 훨씬 선명하게 보인다. 경우에 따라 홍채 앞에 노란색 색소가 있는 경우 파란색이 노란색과 결합된다. 그 결과는? 바로 초록색 눈이다.

고양이의 파란 눈에는 색소가 없으며, 그럼에도 파란색으로 보이는 것은 산란의 결과물이다. 다른 쪽 눈에는 노란색 색소가 있어 산란 효과와 결합된 초록색 눈으로 나타난다.

색각을 사용하면 나뭇잎으로부터 손쉽게 익은 열매를 구별해낼 수 있다. 인간은 말할 것도 없이 동물들이 맛있고 영양가 높은 음식을 찾아 먹는 일은 매우 쉬운 일이다.

빛의 장파장을 인지할 수 있는 동물에게 있어 색상은 특별히 과일이 익었는지를 효과적으로 분별할 수 있는 유용한 도구가 된다.

색을 식별하는 색각을 보유한 동물들이라면 이렇듯 과일의 숙성 여부를 구분할 수 있을 뿐 아니라 과일이 부패했는지 여부와 부패의 정도까지 구분할 수 있다. 곰팡이, 상한 고기, 유독성 베리류 역시 동물들이 쉽게 알아챌 수 있도록 색상으로 분류되어 있다.

동물들의 짝짓기 세계에서는 대체로 수컷이 암컷을 유혹하기 위해 더

공작, 개코원숭이, 아놀 도마뱀, 무어 개구리는 짝을 유혹하기 위해 선명하고 아름다운 색상을 뽐낸다. 무어 개구리는 연중 단 며칠 짝짓기 철에만 화려한 색을 띠며, 나머지 기간에는 사진에서 교미 중인 암컷 개구리와 마찬가지로 갈색을 띤다.

과하고 화려하게 장식하는 경우가 많다. 몇몇 수컷 새를 살펴보면 확실히 암컷보다 화려한데, 암컷을 유혹하기 위해 화려한 색상을 사용하는 동시에 미래의 배우자가 눈에 띄면 깃털을 활짝 펼쳐 보이기도 한다. 파랑과 초록이 어우러진 아름다운 꼬리 장식을 가진 수컷 공작을 생각해보라.

수컷 개코원숭이의 파란색 얼굴, 수컷 아놀 도마뱀의 분홍색 목, 수컷 구피의 주황색 점은 상대방을 유혹하기 위해 색으로 장식하는 몇 가지 예

에 불과하다. 최근의 연구 결과에 따르면, 암컷의 색상과 관련된 주제는 지금까지 오랫동안 무시되어 왔지만 실제로는 암컷 동물의 미와 색상 변이 역시 매우 중요하다는 것이 밝혀졌다. 미세하긴 하지만 암컷 동물들의 이러한 색상 장식 역시 수컷 파트너에게 영향을 미친다.

많은 동물들이 이렇듯 색을 발현시키기 위해서는 상당한 에너지가 필요하므로 짝짓기 철이 지나면 색 역시 사라진다. 예를 들어, 새는 매년

털갈이를 하는데 일부는 이 과정에서 색이 완전히 변하기도 한다. 풍금조scarlet tanager는 이름 자체가 봄에 짝짓기 준비를 완료한 수컷의 진홍색을 지칭한다. 하지만 실제로 가을에는 전혀 진홍색을 띠지 않으며, 연중 내내 녹황색을 띠는 암컷과 동일한 색이 된다.

수컷 풍금조는 털갈이를 통해 붉은색 깃털을 에너지가 훨씬 덜 드는 녹색으로 바꾼다.

변색 장치 황제 에인절피시angelfish는 흥미롭게도 색상과 패턴을 바꿈으로써 자신이 성적으로 성숙했음을 드러낸다. 어린 황제 에인절피시는 성적으로 성숙한 어른에 비해 그 모습만 같지 전혀 다른 어종으로 보일 정도다. 반면 개코원숭이는 복합 성숙bimaturism이라는 2차 성징 현상을 나타내는데, 일부 성인 수컷 개코원숭이 무리는 동종과 완전히 다른 모습을 띠기도 한다.

조류계의 실내 디자이너

우리는 종종 새의 화려한 짝짓기 의식을 깃털과 연관시킨다. 하지만 바우어새bowerbird에게는 외모 이상의 그 무엇이 작용한다. 바우어새는 색상 면에서 다양함을 보이는데, 일부는 희미하게 반짝거리는 보랏빛 검은색을 띠고, 일부는 스쿨버스 노란색이 여기저기 튄 듯한 검은색을 띠며, 나머지는 황갈색을 띠기도 한다.

모든 수컷 바우어새가 가지는 공통적 특징은 아름다운 '바우어bower'로, 바우어는 짝을 유혹하기 위해 나뭇가지를 모아서 세운 것이다. 사실 바우어 하나로도 충분히 시선을 사로잡을 만하다. 하지만 새들은 이에 만족하지 않고 둥지를 둘러싼 아름다운 장식을 만든다.

이때 바우어새는 다양한 색상을 이용하는데, 일부는 온통 파란색의 한 가지 색조를, 일부는 노랑이나 주황과 같은 유사 색상을, 일부는 녹색이나 자홍색과 같은 대비 색상을 사용한다.

이들은 꽃잎, 베리류, 나뭇잎, 돌 그 외에도 병뚜껑, 플라스틱 조각, 접착테이프까지 인간이 버린 무수히 많은 쓰레기를 모두 수집한다. 그런 다음 꼼꼼하게 수집한 물건들을 능숙하게 펼쳐놓는다. 그러면 암컷이 잠시 방문하여 바우어의 미와 품질, 그리고 수컷이 이들을 제시하는 방식까지 꼼꼼하게 평가한다.

암컷을 유혹하는 것은 단지 개코원숭이의 얼굴만이 아니다. 그의 엉덩이는 동물의 왕국에서 가장 이례적인 색상을 나타내는 예로 꼽힌다.

소수의 수컷 개코원숭이는 상징적으로 여러 색을 띤 다색 얼굴과 분홍과 파랑의 커다란 엉덩이를 발달시켜왔으며 얼굴에 더 적은 수의 색을 띤 성인 수컷보다 2배 이상 큰 몸집을 자랑한다. 하지만 그 어떤 것도 영원한 것은 없는 법. 실제로 다색 수컷이 다른 수컷과의 대결에 져서 위상이 떨어지면 그 멋들어진 얼굴의 색도 함께 사라진다. 분홍과 빨강은 없어지고 파랑만 남게 된다. 마찬가지로 무색 수컷이 다색 수컷을 해치우면 승자의 얼굴과 엉덩이에 특수한 색이 발현되면서 크기도 갑자기 2배로

미성숙한 황제 에인절피시(좌)와 성숙한 황제 에인절피시(우)는 같은 어종인지 의심스러울 정도로 서로 다르게 보인다.

커진다. 이미 다 자란 경우에도 마찬가지다.

꼭꼭 숨어라 머리카락 보일라 지구상의 모든 동물들은 생존을 위해 포식자를 피하고 먹이를 구할 수 있는 다양한 방법을 개발해왔다. 색상은 이러한 진화 과정에서 중요한 역할을 할 수 있다. 어떤 동물들은 환경에 적응하여 필요할 때 나타나거나 사라질 수 있다. 일부는 포식자들을 혼동시키기 위해 자신보다 위험한 동물들을 흉내 내고 다른 동물들은 포식자들이 접근할 수 없도록 경고할 방법을 찾아내기도 한다.

카무플라주camouflage라는 위장술은 자연이 가장 놀랍고도 교묘하게 색을 사용하는 방식이라고 할 수 있다. 이 방법은 또한 동물이 자연의 서식지에 적응하여 진화하고 있음을 보여주는 가장 명확한 증거이기도 하다. 동물들은 색상이나 패턴을 사용한 철저한 위장을 통해 눈에 띄지 않도록 몸을 숨길 수 있다. 카무플라주는 그들의 피부나 비늘, 털에 나타나 배경 속으로 완전히 숨어들어 간다. 회색가지나방peppered moth과 같이 위장술을 사용하는 일부 동물들은 일생 동안 동일한 색을 유지한다. 반

새들이 부화하는 알의 색상이 다양한 이유는 무엇일까?

과학자들은 아직 알의 색상이 이토록 다양한 이유를 정확하게 밝혀내진 못했지만 아마도 새들의 식단이나 위장술이 어느 정도 영향을 미쳤을 것으로 추측한다. 하지만 정말 그렇다면 흰색 알이 수적으로 우세한 이유는 무엇일까. 실제로 흰색은 어떤 특별한 식단을 반영하는 것 같지 않으며 그 어떤 위장술도 부리지 않고 마치 '저 여기 있어요. 어서 와서 드세요!'라고 소리치는 것 같다.

상어는 방어피음을 통해 먹잇감으로부터 자신을 완벽하게 숨긴다.

부분이 다른 부분보다 색이 연하다. 이것은 방어피음(防禦被陰, 몸의 위쪽 표면이 겉으로 드러나지 않는 아랫부분보다 더 짙은 색을 띠게 되는 보호색의 일종)이라는 일종의 보호색으로 포식자에게 매우 쉽게 들통나므로 물고기는 카멜레온과 달리 보호색이 아닌 위장술을 사용한다. 실제로 해저를 지나갈 때 이들의 색소 세포는 색상과 패턴을 자유자재로 변화시키는 것처럼 보인다.

다리가 많은 다족류 해양 생물은 여기에 추가적인 보호색을 사용한다. 포식자를 놀라게 하고 혼동시키기 위해 검은색 먹물 한 판을 쏟아낼 수도 있다. 실제로 문어는 색맹임에도 색을 속이는 치밀한 흑마술이라도 사용하는 것처럼 보인다.

면 담비ermine 등은 계절에 따라 풍경이 변화하면서 여름에 띠던 색이 천천히 변화하여 겨울에는 완전히 다른 색을 띠게 된다. 일부는 공작 도다리peacock flounder와 같이 순간순간 색을 바꾸기도 한다.

거의 모든 물고기가 비슷한 위장술을 사용하는데, 물고기의 몸통 아랫

모방자와 승자 흉내는 동물의 왕국에서 생존을 위한 또 다른 무기로 사용된다. 이 방법을 사용하면 포식자는 상대방이 자신을 죽일 수 있는 능력이 있다고 믿게 만들 수 있는데, 독이 없는 동물조차 독이 있는 것처럼 가장할 수 있기 때문이다. 일례로 무독성의 작은 회색 뱀과 유사한 뱀이 유독성의 산호뱀처럼 보이기도 한다. 둘 다 황, 적, 흑색의 줄무늬가 있

회색가지나방과 담비는 여름과 겨울에, 공작 도다리는 3단계의 위장술을 사용한다.

문어는 산호초, 다시마 숲, 진흙 평원 등 어떤 배경에서든 효과적으로 위장술을 사용할 수 있다. 이들은 2.2초 만에 첫 번째 그림에서 세 번째 그림으로 순식간에 변경하여 환경에 완벽하게 적응할 수 있다.

지만 자세히 살펴보면 줄무늬의 순서가 조금 다른 것을 발견할 수 있다. 독성이 있는 뱀이라면 붉은 띠가 노란 띠 옆에 있고 그저 모방에 불과하다면 붉은 띠가 검은 띠 옆에 있다.

진화를 통해 포식자들이 약간의 패턴 수업을 할 수 있었으리라 짐작할 수 있다. 아니나 다를까 이들은 혹시라도 잘못 흉내 냈을 경우를 대비해 약자가 일반적으로 삼가야 하는 것까지 위험을 무릅쓰고 도전함으로써 경계를 게을리하지 않는다. 바로 이것이 무독의 작은 회색 뱀들이 계속해서 생존할 수 있는 이유다.

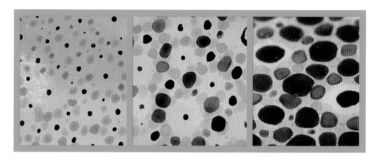

현미경을 통해 생물을 초근접 촬영하면 문어와 같은 두족류 동물의 색소 세포에 위 그림과 같이 색상과 패턴이 변경되는 현상이 발생한다.

무해한 무독성 작은 회색 뱀들이 유독성 산호뱀을 흉내 내면서 생존하듯 산호뱀은 나름의 색상 코딩을 통해 생존 기법을 구사한다. 산호뱀의 밝은색 줄무늬는 그 자체로 스스로를 위한 일종의 경고 사인이다. 마치 '가까이 오지 마!'라고 말하는 듯하다. 이 외에도 밝은 색상을 경고의 의미로 사용하는 동물들은 더 많이 있다. 또한 많은 동물들이 다른 동물들에게 혹시라도 공격할 경우 물거나 쏘거나 포식자들의 혀에 진정으로 불쾌한 경험을 느끼게 해주겠다고 경고한다.

나새류(복족류 가운데 껍데기와 외투강이 없는 동물류로 육지의 민달팽이류와 흡사)는 어릴 때 껍질에 몸을 숨기고 대신 어딘가에 다양한 색상을 표시하는 일종의 연체동물로 특별히 혐오스러운 방식을 사용한다. 이들은 해면에서 내뿜는 독성 화학물질을 저장해두는데, 포식자가 이러한 나새류를 한 번 물기만 해도 마치 식물처럼 보이는 이 해양 동물을 두려워하게 될 것이다.

작은 무독성 회색 뱀의 경우 붉은색 띠가 검은색 띠와 인접해 있으며 유독성 산호뱀의 경우 붉은색 띠가 노란색 띠와 인접해 있다.

갯민숭달팽이|Nembrotha 나새류 동물만 이렇게 번지르르하게 생긴 것은 아니다. 나새류는 다양한 색상 집합과 조합으로 구성되어 있는데, 어마어마한 돈을 들여 빛을 밝히는 엠파이어 스테이트 빌딩만큼이나 밝고 화려함을 자랑한다.

독침 개구리는 유난히 밝은색 피부 아래에 은밀하게 독을 숨겨둔다. 이렇듯 독과 색의 연관성은 포식자를 피하기 위해 색이 얼마나 중요하게 사용되는지 다시 한 번 일깨워준다. 실제로 개구리의 색이 진하면 진할수록 독성이 강해진다. 그렇다면 이러한 독침 개구리의 독성은 도대체 얼마나 강할까? 단 한 번의 침으로 사람 10명 또는 쥐 2만 마리를 죽일 수 있다고 한다.

무지개색 독침 개구리

동물이 색을 인지하는 방법 일부 동물들은 전자기 스펙트럼에서 인간이 인지할 수 있는 것보다 훨씬 멀리에 있는 빛의 파장을 인지한다. 예를 들어, 대다수의 조류는 인간이 볼 수 있는 모든 것을 포함하여 자외선까지 인지할 수 있다. 이것은 자연이 가시광선의 다양한 파장을 반사하는 꽃들을 수분시키고 그 씨를 퍼뜨리기 위해 채택한 방식이다. 하지만 이 모든 것은 누가 이러한 파장을 인지하는지에 따라 달라진다. 가령 붉은색 꽃들은 특별히 새들이 선호하는데, 이는 수분을 시키거나 씨를 퍼뜨리는 일에서 새들의 주요 천적이라고 할 수 있는 곤충들이 빨간색을 전혀 인지

당신은 밝게 빛나고 있군요!

보이는 대로 해저 생물들은 그다지 빛을 즐기지 않는다. 만약 어디선가 광채가 난다면 스스로 빛을 발하는 경우가 많기 때문이다. 이러한 생물들은 몸체 내부에서 화학작용을 통해 생체 발광을 만들어낸다. 이렇듯 빛을 내면 주변을 탐색할 수 있으니 자체적으로도 나쁜 일은 아니지만 발광의 주된 이유는 생존을 위한 것으로 알려져 있다. 빛을 통해 실제 모양을 위장하여 포식자나 먹잇감에게 혼동을 주는 것이다.

물론 지상에서도 일명 반딧불이 등으로부터 이러한 생체 발광의 예를 찾아볼 수 있다. 반딧불이는 다른 생체 발광 동물들과 마찬가지로 '우리에게는 독이 있습니다'라고 일종의 경고의 의미로 불을 밝힌다. 또한 불빛을 통해 상대방을 흥분시키기도 한다. 밝은 빛을 깜빡거리거나 빛을 비춰 연인에게 '이리 오세요'라고 말한다.

하지 못하기 때문이다.

인간이 새들보다 더 민감하게 인지할 수 있는 유일한 색은 파랑이다. 실제로 새들은 하늘에서 대부분의 시간을 보내고 있어 파란색을 민감하게 인식하는 것이 새들에게는 그다지 효율적이지 않기 때문이다.

일부 뱀은 스펙트럼의 반대쪽 끝에 있는 적외선을 인식할 수 있는데, 이 능력은 따뜻한 피가 흐르는 먹잇감으로부터 뿜어져 나오는 열을 감지할 수 있기 때문에 매우 유용하다.

동물 중 일부는 가시광선 스펙트럼의 매우 좁은 영역만 볼 수 있으며 일부는 색을 전혀 인지하지 못한다.

뇌가 크건 작건 동물들의 명령 체계는 색상을 인식하거나 전혀 인식할 수 없도록 한다. 뇌에서 색상을 인지하기 전에 먼저 해당하는 색상 데이터가 동물의 광수용체를 통과하게 된다. 이러한 감각기로는 간상체와 원추 세포의 두 가지 유형이 있다. 원추 세포는 눈으로 들어오는 빛의 파장을 뇌를 통과하는 전기 신호로 변환시키는데, 바로 여기에서 동물들이 어떤 특정 색조를 보는지가 결정된다. 원추 세포는 햇빛과 다른 형태의 강한 빛에서 가장 활발하다. 하지만 주위가 어두워질수록 색을 구분하는

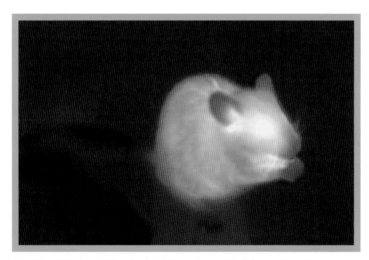

위 그림은 뱀에게 쥐가 어떻게 보이는지 나타내는 그림으로, 인간이 볼 수 있도록 조정한 것이다.

기능이 상실되며 이때 간상체가 그 역할을 대신하게 된다. 간상체는 동물들이 어둠 속에서 볼 수 있는 능력과 함께 색상대비를 구분하는 능력을 제공한다. 간상체는 어둠과 빛을 구분하고 다양한 회색 음영을 구별할 수 있지만 실제로 색상을 구별하지는 못한다.

이렇듯 간상체와 원추 세포는 동물들이 색상을 인식하는 주된 방법이지만 이게 전부라고 할 수는 없다. 문어는 원추 세포가 부족하여 일종의

'색맹'에 해당하지만 색상과 패턴을 빠르게 변화시키며 색에 대해 다른 동물과는 조금 다른 관계를 유지하는 듯 보인다. 실제로 문어는 전혀 다른 종류의 빛을 감지할 수 있다. 이들은 편파(빛이나 전파에서 파동의 진동 방향이 어떤 특정한 성질을 가지는 것 또는 파동 자체)를 인식할 수 있는데, 편파는 전자기장에서 파장이 진동하는 방식과 연관되어 있다.

박쥐와 같이 완벽한 야행성 동물들의 경우에는 원추 세포가 없으므로 보는 행위를 전적으로 간상체에 의존한다. 중국 호랑나비와 같은 동물들은 5종류의 원추 세포를 보유하여 3개의 원추 세포를 통해 보는 인간으로서는 감히 상상도 할 수 없는 다양한 색상을 볼 수 있다. 개는 다른 포유동물들과 마찬가지로 2개의 원추 세포를 보유하여 노란색과 파란색으로 해석되는 파장을 볼 수 있는데, 그들의 세계에서 빨강과 녹색은 찾아볼 수 없다. 그렇다면 최고의 색각을 가진 동물은 무엇일까? 바로 구각류다(갑각류의 일종으로 첫 번째 다리가 사마귀의 다리와 흡사하다). 산호초에 거주하는 갑각류 동물들에게는 놀랍게도 16개에 달하는 다양한 종류의 광수용기가 있으며 그중 11개에서 12개가 원추 세포에 해당한다. 심지어 머리 꼭대기에도 눈이 달려있을 정도다. 하지만 이들의 시야는 고정되어 있다.

영장류에게서는 일관성을 찾아보기 어렵다. 유럽, 아시아 및 아프리카에 해당하는 구세계의 원숭이나 유인원은 인간과 마찬가지로 3색형 색각을 가졌지만 야행성 원원류(원숭이나 유인원을 제외한 영장류)는 검정, 흰색, 회색만 볼 수 있었다. 일부 여우원숭이 종과 아메리카에 거주하는 신세계의 거의 모든 원숭이는 다형성 색각을 가지고 있다. 수컷은 두 종류의 원추 세포를 보유한 2색형 색각자이고 일부 암컷도 수컷과 같이 2색형 색각자이지만 그렇다고 모두가 반드시 여기에 해당하지는 않는 터라 상황은 더욱 복잡해진다. 실제로 몇몇 암컷은 3색형 색각자이다. 그렇다면 도대체 이들은 왜 이렇게 다양한 색각을 가지는 것일까? 모든 종류의 색각에는 장단점이 있다. 2색형 색각자는 3색형 색각자들보다 위장술을 더 쉽게 알아내서 포식자와 먹잇감을 보다 잘 구분할 수 있지만 3색형 색각자는 잘 익은 과일을 더 잘 찾아낸다.

구각류는 놀랍도록 다양한 색상을 구분할 수 있을 뿐만
아니라 자체적으로도 다양한 색상을 띠고 있는 경우가 많다.
공작 갯가재peacock mantis shrimp라는 이름이
결코 과하지 않을 정도로 색상이 화려하다.

파랑

밤하늘에서부터 군청색 바다까지 파란색은 우리의 시야를 넓히고 꿈을 널리 펼쳐준다. 우리는 파란색의 제복을 입은 남녀에게 권위를 부여함으로써 파란색에 대한 신뢰를 보여주고, 국가 재정의 안정성을 나타내는 블루칩 우량주를 통해 파란색에 의지하며, 파란색 담요로 남자아이를 둘러싸고 그 아이의 방을 파란색으로 장식하여 남자다움을 나타낸다. 사람들은 파란색에서 안정감과 냉정함을 동시에 느낀다. 우리는 때때로 마음이 울적해지기도 하는데, 파란색은 우리의 낙관적인 기질 이면에 숨겨진 변덕스러운 기분을 나타낼 수도 있다.

수세기 동안 파란색은 동시에 서로 극단적인 의미를 나타내는 데 사용되어 왔다. 가령 청바지나 블루칼라라는 표현을 통해 노동자 계급을 나타내기도 하고, 감청색royal blue이나 우리네 혈관을 흐르는 귀족 혈통blue blood이라는 표현을 통해 부유한 계급을 상징하기도 했다. 파란색은 하늘과 바다에 항상 존재하므로 지구가 '푸른 행성'으로 표현되지만 지상에 묶여 사는 식물과 인간에게는 파란색이라는 용어가 좀처럼 사용되지 않는다.

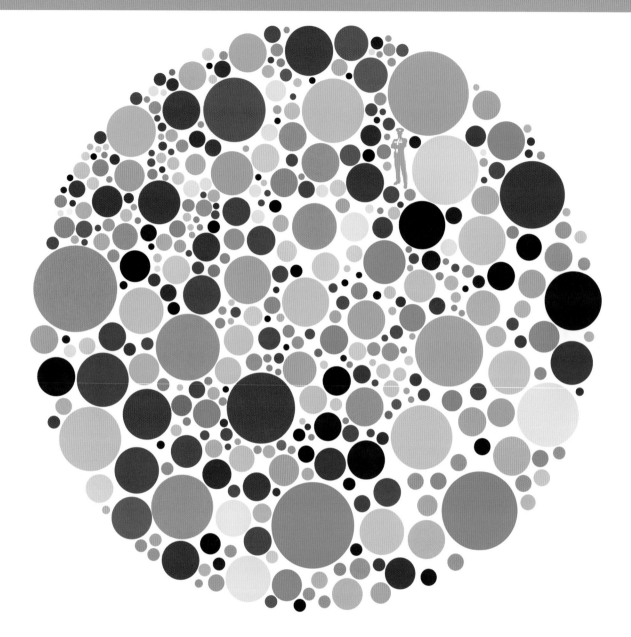

고대 세계에서는 파란색이 거의 존재하지 않았다. 파란색 열매는 사실상 존재하지 않았으며 진짜로 파란 꽃은 거의 찾아보기 어려웠다. 파란색 옷 역시 완전히 불가능한 것은 아니었지만 구하기 쉽지 않았다. 『오디세이』와 『일리아드』만 봐도 파란색이 얼마나 결핍되어 있는지 확인할 수 있을 것이다. 호머는 파란색을 의미하는 단어를 단 한 번도 언급하지 않았으며 고대 인도의 베다(고대 인도의 브라만교 성전의 총칭으로 인도에서 가장 오래된 문헌) 시나 아이슬란드의 영웅 전설을 포함하여 전 세계 다른 어떤 문화의 초기 작품에서도 파란색을 찾아볼 수 없다.

2세기, 고대의 학자 랍비 메이어Rabbi Me'ir는 율법에서 유대인들이 기도할 때 사용하는 숄의 장식에 '파란' 실이 필요한 이유에 대해 기록했다. 여기에 기록된 'Blue'라는 단어는 사실 히브리어 'Tekhelet'을 해석

파란색, Tekhelet은 다양한 색조를 아우른다.

한 것으로, 이 색은 청록색과 자주색 사이에 있는 모든 색으로 광범위하게 정의하고 있었다. 랍비 메이어는 다음과 같이 설명했다. 'Tekhelet은 바다의 색과 닮았고 바다는 하늘의 색과 닮았으며 하늘은 사파이어의 색과 닮았고 사파이어는 영광의 보좌의 색과 닮았다.' 앞 페이지에 나와 있는 세 항목의 그림을 살펴보면 실제로 색상이 매우 다름을 알 수 있을 것이다. 하지만 세 항목 모두 파란색이라는 한 가지 색조 범위에 속해 있다.

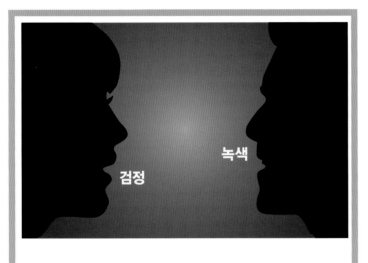

성스러운 파랑

현대 유럽 언어에서 'Blue'라는 단어의 기원은 보통 검정이지만 경우에 따라 녹색에서 유래를 찾을 수 있다. 이러한 언어에서는 실제로 '파랑'이라는 이름이 만들어지기 전에 파랑으로 묘사되었을 법한 사물들이 대신 검정이나 녹색으로 묘사된 것을 발견할 수 있다. 파랑은 색상에 관련된 언어가 얼마나 유동적일 수 있는지 보여주는 훌륭한 예다.

그렇다면 하늘의 색은 어떠한가? 인간이 그날그날 살아가면서 전 세계 어디서나 볼 수 있는 가장 흔한 색인데다 지금까지 변함이 없었던 색의 이름이 지어지지 않았다니 불가능한 일처럼 여겨지지 않는가. 하지만 이렇게 된 데는 몇 가지 이유가 있다. 일부 학자들은 고대 선조들에게 하늘은 실재하지 않는 초자연적인 것이었다고 주장한다. 따라서 하늘이 바로 거기에 있지만 색으로 여겨지지 않은 것이다. 또한 고대 인간들이 하늘 이외에 다른 파란색에 노출된 적이 없었다면 '하늘'을 하나의 색으로 압축해 말하지 못했을 수 있다. 실제로 하늘이 담고 있는 다양한 색상을 생각할 때 '파란 하늘'이란 상당한 확대 해석이 되었을 테니 말이다. 그

유대인들이 기도할 때 쓰는 숄(탈리트), 파란색Techelet 장식이 있다.

렇다고 하늘에 대해 아무런 설명도 없었다는 의미는 아니다. 하지만 다른 '파란색' 물체에 대해서는 녹색이나 검정을 사용하여 설명하는 경향이 있었다.

그러나 파란색을 언급하지 않았던 초기 문명의 경향을 벗어나는 한 가지 예외가 있었으니, 바로 고대 이집트다. 이집트인들은 주변의 파란색을 인식했을 뿐 아니라 이 색에 상당히 높은 가치를 부여하기까지 했다. 당시 청금석(선명한 청색의 보석)과 남동석(남청색 광물)은 드물긴 했지만 분명 존재했고 이집트인들은 그들이 흠모해 마지 않는 이 천연광물의 아름다움을 반영하는 물질을 직접 생산하는 데 착수했다. 그 결과 최초는 아니지만 최초에 가까운 합성색소가 생성되었는데, 바로 파란색이었다. 상황이 이러하니 이집트인들이 이 독특하고도 아름다운 색상의 이름을 부르지 않을 수 없었으리라.

람세스 2세의 아들 아몬 코페체프Amon Khopechef의 무덤에서

이 매우 유사하긴 했지만 화학적 구성이 달랐으며 갈아서 가루로 만들면 녹색 빛을 띠는 반투명한 물질이었다. 미학적 측면에서 보자면 청금석의 본질적인 핵심이 결여되어 있다고나 할까. 청금석은 자줏빛을 띤 진청색이었으며, 남동석은 아주 저렴한 가격으로 판매되었다.

레오나르도 다 빈치, 〈최후의 만찬The Last Supper〉의 일부 확대(1495~1497)

그림을 자세히 들여다보면 전경에 있는 유다의 예복이 눈에 들어올 것이다. 예수의 예복 색상과 다른 것은 우연일까? 미술사학자들이 믿거나 말거나 레오나르도는 이 배신자의 옷을 칠하는 데 청금석 대신 값싼 남동석을 사용했다.

아름다운 청금석 이집트에서는 수세기 동안 파란색 합성색소가 시장을 독점했다. 그렇다고 청금석의 아름다움에 매료된 민족이 단지 이집트인뿐만은 아니었다. 르네상스 시대 화가들은 많은 사람들이 그토록 탐내는 군청색 색소를 생성하는 데 청금석을 사용했다. 이 색소가 귀했던 것은 청금석이 아주 먼 외국에서 수입되었기 때문이었다. 청금석은 주로 아프리카에서 채굴되었는데 이를 색소로 만들려면 상당한 노동력이 필요했다. 하지만 그렇게 만들어진 색소에는 다른 그 어떤 파란색이 흉내낼 수 없는 감동이 있었다.

레오나르도 다 빈치Leonardo da Vinci와 당대의 위대한 예술가들은 자신들의 고객이나 후원자들과 계약을 맺으며 계약의 일부로 이 귀중한 색소를 요구하곤 했다. 실제로 이 색소는 아주 값비싸서 일부 부도덕한 판매자들이 남동석을 군청색으로 속여 건네곤 했을 정도였다. 남동석은 모양

하지만 진품을 감별하려면 광물을 레드 핫 지점까지 가열해야 했으므로 진품 감별은 결코 만만치 않은 작업이었다. 열을 가한 후 식히면 남동석은 검은색으로 돌아오지만 청금석은 그렇지 않았다. 그럼에도 화가들은 이 번거로운 진품 감별 작업을 마다치 않았다. 군청색은 그들의 작품에 비교할 수 없는 광택과 강렬함, 그리고 순전함을 가져다주었으니까. 게다가 금전적인 가치까지 보장받을 수 있었다. 실제로 작품의 가격이 사용한 재료 그 자체만으로도 귀중한 보석의 가격에 맞먹을 정도였다. 그러니 당연히 '파란색 피를 가진 고귀한 귀족 혈통'들이 다이아몬드 반지만큼이나 이 색소를 으스대며 자랑하지 않았겠는가.

우연히 발명된 파란색 18세기로 훌쩍 건너뛰어 독일의 화가

청금석

하인리히 디스바흐Heinrich Diesbach는 이집트인 이후로 역사책에 기록된 최초의 파란색 합성색소를 만든 장본인이다. 이 색소 역시 이전에 발견된 자연 발생적인 군청색과 마찬가지로 바래지 않았다. 하지만 청금석과 달리 디스바흐의 프러시안 블루(감청색)는 매우 저렴했으며 만들기도 쉬웠다. 게다가 이후에 나온 합성염료들처럼 바래지도 않았다.

당시 디스바흐는 황산철과 탄산칼륨을 혼합하여 일명 붉은 호수(레드 레이크)라는 색소를 만드는 중이었다. 역사학자들의 추측에 의하면 이 시도는 돈을 절약해보려는 데서 비롯되었다. 디스바흐는 당시 동물성 기름으로 오염된 저급 탄산칼륨을 구입했는데, 이 물질을 사용하자 색소가 예상했던 것보다 지나치게 연하게 나왔다. 색상을 개선해보려고 노력하는 중에 전혀 새로운 색소를 발견하게 된 것이다. 아주 생동감 있고 눈에 띄는 파란색이었는데, 그 이름은 프로이센 군복의 염료로 사용된 것에서 유래되었다.

남색/쪽빛을 향해 북아프리카의 투아레그 족(사하라 사막에서 나이지리아, 수단 등 서아프리카의 건조 지대에 걸쳐 살고 있는 베르베르 족 중의 한 종족)은 파란색, 아니 정확히 말하자면 남색에 깊은 애정을 갖고 있었다. 다른 이웃 이슬람 국가들과 달리 투아레그 족은 머리에 'tagelmousts'라는 터번을 둘러 눈을 제외한 모든 곳을 가렸다. 남자아이는 성인으로 전환되는 과도기라는 것을 알리는 예식 중에 생애 최초로 이 터번을 쓰게 된다.

부자이거나 신분이 높은 남자의 경우 터번의 색상은 확실히 파란색일 것이다. 남색이 진할수록, 그리고 천의 광택이 강할수록—수차례 염색하고 두드리면 된다.—터번을 착용한 자가 높은 위치에 있다는 것을 의미한다. 남색은 식물을 원료로 한 염료인데, 수세기 동안 남색 염료를 사

파란색 해독제

프러시안 블루는 또 한 가지 이점을 제공했는데, 이것은 곧 삶과 죽음의 차이를 결정짓는 것일 수 있었다. 실수로 탈륨이나 방사성 세슘을 삼키면 어떻게 될까? 프러시안 블루가 당신을 구할 수 있다. 장에서 유독성 방사성 세슘을 격리시켜 대변을 통해 배출할 수 있도록 해준다. 이때 대변은 놀라운 색조를 띠겠지만 말이다.

투탕카멘의 파란색

군청색을 처음 사용한 것은 고대 아프가니스탄 시절로 거슬러 올라간다.

고대 아프가니스탄
도자기

메소포타미아
조각

이집트
보석류 및 부적

로마
최음제

중세
채색 필사본

르네상스
유화

원시인

〈가나가와 해변의 높은 파도 아래Great wave off Kanagawa〉.
우끼요에(일본 전통 채색 목판화로 주로 풍속화를 소재로 삼았다) 작가인
가츠시카 호쿠사이Hokusai Katsushika의 작품

레비 스트로스와 그의 파트너 제이콥 데이비스는 1873년 미국 특허청으로부터 바지의 리베팅 처리에 특허번호 139,121번을 취득했다. 그들의 첫 번째 바지는 오리지널 501® 진으로 당시에는 사용된 고급 데님의 이름 그대로 'XX'로 불렸다.

남색 염료로 만든 터번을 쓴 투아레그 족 남성

용해 온 투아레그 족과 서아프리카 다른 지역에서 부의 상징으로 이용되었다.

투아레그 족이 남색을 쓰는 이유는 단지 부와 명성을 나타내기 위한 것만은 아니었다. 그들은 이 색이 근본적으로 보호하는 힘을 가져다준다고 믿었다. 반면 지위가 낮은 사람들은 대신 흰색 터번을 썼는데 거기에는 그러한 보호의 의미가 없었다. 이러한 파란색의 역사를 살펴볼 때, '고귀한 푸른 인간'들이 그들의 유려한 의복에서 묻어나는 이 염료를 피부에 문질러 물들이는 것을 좋아했다는 사실이 그다지 놀랍지 않다.

최초의 청바지에 사용된 파란색 역시 남색 염료로 만들어졌다. 하지만 투아레그 족과 달리 파란색 데님을 사용한 바지는 서부 세계에서 명확하게 하급 노동자층을 나타냈다.

청바지는 질긴 일상복을 원조로 발전을 거듭해왔다. 모두 리바이스를 일궈 낸 레비 스트로스Levi Strauss 덕분이다. 스트로스는 1850년대 대다수가 그랬던 것처럼 돈을 벌기 위해 캘리포니아로 향했으며 그곳에서 최상 품질의 미국 데님을 선보였다. 뉴햄프셔에 있는 공장에서 만들어진 이 옷감은 매우 튼튼해서 금 채굴처럼 지저분하고 난해한 작업에 적합했다.

네바다 주 리노 출신의 재단사 제이콥 데이비스Jacob Davis는 스트로스에게서 정기적으로 데님을 구입했는데, 그는 포켓 상단에 금속 리벳을 박아 데님 바지를 경쟁업체에 비해 더욱 튼튼하게 만들 방법을 강구했다. 결국 이 두 사람은 서로 힘을 합해 특허를 취득했으며 그 결과 리바이스가 탄생했다.

청바지는 엄청난 성공을 거두었지만 이러한 성공은 수십 년 동안 미국의 서부 해안 지역에 국한되어 있었다. 하지만 서부 영화에 청바지가 등장하고 존 웨인John Wayne과 같은 영화배우가 입기 시작하면서 이러한 작업복 바지가 일종의 문화적 아이콘으로 자리 잡기 시작했다.

미국이 제2차 세계대전에 참전하면서 청바지를 생산하는 데 사용되는 면과 구리 등의 원료가 전쟁의 필수품이 되었으며, 그 결과 매우 구하기 어려운 물건이 되었다. 어쩌면 그러한 희소성이 전후에 미국인들이 청바지를 그토록 열정적으로 받아들인 이유가 되었을 수도 있다. 그러면서 한 세기 동안 '웨이스트 오버롤스'로 불리던 이름이 '블루진(청바지)'으로 바뀌게 되었다. 그때도 여전히 사회적으로 존중받지 못하는 작업복으로 인식되었지만 점차 관습이 변하기 시작했다. 청바지가 일종의 패션이나 독특한 복장이라는 인식의 전환이 이루어지면서 미국 젊은이들의 소비가 끊이지 않았다. 1960년대와 70년대에는 히피들이 청바지를 맞춤 제작하여 걸쳐 입기 시작했다. 그때부터 청바지는 평화의 상징이자 자수가 놓인 예술작품이 되었으며, 치마나 모자, 지갑에도 사용되기 시작했다. 1970년대와 80년대에는 캘빈 클라인Calvin Klein과 글로리아 반더빌트Gloria Vanderbilt가 이러한 청바지를 받아들여 뻔뻔하게도 감히 여성의 엉덩이 부분에 로고를 장식하기에 이르렀다. 1980년대와 90년대에는 청바지 밀수업자들이 소비에트 연방에 암시장을 형성하기도 했다.

당신의 피는 얼마나 파란가 '귀족의 혈통'에 대해 언급하면 분명 사회 최고위 계층을 차지하는 부유하고 절대 꺾이지 않는 불굴의 신사나 숙녀에 대한 이미지를 떠올리게 될 것이다. 하지만 이 용어는 그러한 계급 차별주의 이상의 의미를 지닌다. 스페인어 sangre azul — sangre는 '혈통', azul은 '귀족, 파랑'을 의미 — 은 원래 인종과 종교를 나타내는 데 사용되었다.

1492년, 스페인 대부분을 지배했던 아라곤의 페르디난드Ferdinand of Aragon와 카스틸의 이사벨라 Isabella of Castile는 남부 스페인 지역의 이슬람 왕국인 그라나다를 정복하게 되었다. 이 승리를 통해 이슬람교, 유대교, 기독교가 평화롭게 공존하던 종교적 관용 시기가 종지부를 찍게 되었다. 스페인 종교 재판이 세를 장악함에 따라 이슬람교도와 유대교도가 천주교로 개종하거나 그도 아니면 고향을 떠나야 했다. 그 결과 많은

과학자들은 참게의 파란색 피를 모아 인간이 세균에 감염되기 전에 의학적으로 이를 방지하는 데 사용한다.

구애 중인 푸른 발의 부비새

사람들이 북아프리카로 이주하여 피부색이 이슬람교도와 유대교도를 식별하는 수단이 되었다. 기독교인들은 대체로 피부색이 훨씬 하얀 편이었는데, 실제로 혈관이 피부 층을 뚫고 파랗게 보일 정도였다. 이렇듯 '파란 혈관'을 보여주는 것이 순수한 기독교 혈통을 입증하는 한 가지 방법이 되었다.

19세기에는 계급에 민감한 영국인들이 이러한 '파란 혈관의 귀족 혈통'을 일종의 식별자로 채택함으로써 이 표현이 보다 구체적으로 귀족 계급을 지칭하게 되었다. 물론 피부색이 무엇이든지 간에 우리 피는 절대 파란색일 수 없다. 이 표현은 그저 창백한 피부가 빛을 흡수한 후 반사하여 우리 눈에 파란색 그림자를 드리우는 방식을 가리키는 것일 뿐이다.

참게 역시 파란 피를 가지고 있다. 하지만 이 경우 그 어떤 귀족적인 의미를 포함하지 않는다. 철분이 다량 함유된 혈장을 가진 대부분의 생물들과 달리 참게의 피에는 구리 성분이 풍부했다. 따라서 산소와 섞이면 피가 아름다운 파란색으로 변한다.

이렇듯 순응적인 절지동물(곤충, 거미, 게 등)은 생물학적 대혼란을 차단하는 데 중요한 역할을 수행한다. 즉 참게의 파란색 피는 온갖 종류의 세균 독소를 감지하여 그 혈전을 제거함으로써 과학자들이 이러한 생물학적 위험을 식별하고 약이나 접종에서 치명적인 물질을 제거할 수 있도록 도와준다.

또한 의학 연구에서 참게의 피를 사용하게 되면서 이전에 실험용 동물로 갑작스러운 죽음을 맞이했던 수많은 토끼의 생명을 구하는 결과를 낳았다. 그런데 특이하게도 게의 경우는 의학 연구에 사용된 후에도 85%가 살아 있는 건강한 생명체로 자신의 거주지로 돌아갔다.

푸른 발의 부비트랩 푸른 발의 부비새라고 불리는 이 바닷새는 자신의 팔다리에 대단한 자부심을 가지고 있다. 수컷과 암컷이 모두 눈에 띄는 청록색 팔다리를 가지지만 이를 최대한 활용하는 것은 암컷보다 더 작은 수컷 부비새다. 짝짓기 의식 도중 수컷은 자신의 꼬리와 날개, 머리를 갑

푸른색 식품

블루베리처럼 모든 푸른색 식품이 유독한 것은 아니지만 버섯 실로시빈psiocybin(멕시코산 버섯에서 얻어지는 환각 유발 물질)은 환각을 일으킨다. 그러니 약탈자들이여, 주의하라! 그렇지 않으면 버섯의 마법 세계를 여행하게 될 테니. 이러한 환각의 근원에는 오염된 파란색이 있다.

식품	몸에 좋은 것	몸에 나쁜 것	영향
블루베리	YES!		면역체계 강화
아메리카 담쟁이덩굴 베리류		YES!	사망!
식품 곰팡이		YES!	알레르기, 호흡기 질환
오래된 육류		YES!	위장 질환
마법 버섯	YES! (환각 세계를 여행하고 싶다면)	YES! (환각 세계를 여행하고 싶지 않다면)	와우!

마법 버섯, 실로시빈

자기 들어 올려 허공으로 날아오른다. 그런 다음 의도적으로 자신의 가장 독특한 특징을 생생하게 보여주는 춤을 추면서 한 발을 들어 올리고 신통찮은 다른 푸른 발은 쿵쿵거리며 걷는다.

푸른 발의 부비새는 대체로 일부일처제이므로 암컷이 짝을 신중하게 선택한다. 암컷과 수컷은 공동으로 양육의 의무를 진다. 따라서 암컷은 오랫동안 함께 할 동반자이자 공동으로 자녀를 양육할 양육자로서 걸맞은 상대를 찾아야 한다. 밝혀진 대로 푸른 발에 이 모든 답이 들어 있다. 멋들어진 발의 색상은 부비새가 건강하다는 것을 의미하지만 건강해 보이는 발은 이 미래의 부모에게 보다 근원적인 중요성을 부여한다. 수컷과 암컷 새가 역시 발을 사용하여 알과 갓 태어난 새끼 부비새를 품기 때문이다. 안타깝게도 부비새의 발 색깔은 부부가 어느 정도 시간을 보내고 더 이상 상대방을 위해 치장할 필요가 없어지면 열어지기 시작한다.

파란색 식품의 블루스 파란색 식품은 고대나 지금이나 찾아보기 어렵지만 대체로 인간에게 질병이나 사망을 초래한다. 유독성 곰팡이, 상한 고기, 포이즌 베리, 보기 드문 버섯까지 모두 파란색을 띠고 있다. 하지만 파란색 사과나 호박, 콩은 찾아볼 수 없다. 유일하게 먹을 수 있는 파란색 식품은 바로 블루베리, 파란 옥수수, 파란 감자—옥수수와 감자는 자줏빛에 가깝다—그리고 블루치즈다. 블루치즈는 이름에서 알 수 있듯이 치즈에서 자라는 안전한 곰팡이를 가리킨다. 대부분의 사람들에게 파란색 색소가 들어 있는 음식이 다른 색에 비해 가장 맛이 없어 보인다는 연구 조사 결과도 있다. 이는 실제로 파란색 식품이 거의 없거나 또는 있더라도 질병이나 사망을 초래하기 때문일 수 있다. 인간은 그 이후에도 파란색으로 된 식품에 대해 특별히 대단한 식욕을 발전시켜 오진 않았다.

빛에 의한 구원 푸른빛은 우리 기분에 지대한 영향을 미친다. 심지어 치유력을 가진 '파란색'도 있다. 과학자들은 빛이 우리의 24시간 주기 생체 리듬에 필수적이라고 알고 있었는데, 이 리듬은 외부 세계에서 신호를 수신한 후 이를 체내 시계로 다운로드하여 우리가 활동하고 자는 시기, 그리고 잠과 관련된 호르몬 변화 등을 통제한다. 과학자들은 예전부터 생체 리듬과 푸른빛이 연관되어 있을 것으로 짐작했지만 그 사실을 증명할 수는 없었다. 그러던 중 1998년에 물고기에서 전에 알려지지 않던 광수용기가 발견되었는데, 특히 푸른빛에 민감했다. 하지만 당시 척추동물에서 색상과 빛을 감지하는 유일한 기관으로 알려진 광수용기와 달리 물고기에서 발견된 세포는 인간에게 그러한 세포가 존재한다는 과학적 가설을 수립하는 것조차 어려운 실정이었다. 그러나 유전자 조작된 쥐를 대상으로 실험한 결과 푸른빛이 이러한 유형의 광수용기와 연관성이 있다는 사실이 밝혀졌고, 인간을 포함하여 포유동물의 색과 빛 감지성이 이전에 생각하던 것보다 훨씬 복잡하다는 사실이 받아들여졌다.

푸른빛은 인간의 24시간 주기 리듬 이외에도 많은 부분에 영향을 미친다. 눈의 광수용기에서 푸른빛을 감지하면 단지 체내 시계뿐 아니라 각성, 잠, 호르몬 방출, 심지어 동공 크기를 제어하는 뇌의 다양한 영역에 직접 메시지를 전달한다. 이러한 메시지는 주변 광원의 전반적인 밝기에 대해 무의식적인 각성을 주고 이 정보를 사용하여 인간의 생리 현상이나 행동 대부분을 제어하는 듯 보인다.

지금까지 과학자들은 푸른빛이 계절성 정서 장애(계절적인 흐름을 타는 우울증의 일종)나 우울증, 치매, 월경전증후군, 식이 장애 등 건강상의 여러 문제를 치료하는 데 도움을 준다는 것을 밝혀왔다. 또한 푸른 광선을 활용하여 학교에서 학생들의 집중력과 주의력을 향상시키고 양로원에서는 기억 상실과 우울증을 치료하며 공장에서는 야간 근무자를 위한 사용 방법을 탐구해왔다. 하지만 야간 근무자들은 20년이 지난 후에도 체내 시계를 야간 근무 모드로 전환시키지 못하고 계속해서 주간 근무자와 동일한 밤낮 주기에 고정되어 있었는데, 이는 공장의 불빛이 상대적으로 흐리고 출퇴근길에 밝은 자연광에 노출되기 때문이다. 따라서 야간 근무자들은 체내 시계가 계속해서 '자라'고 명령할 때 일하려고 노력해야 하는 상황에 봉착하게 된다. 그러니 주간에 비해 야간에 사고 발생률이 높은 것이 당연하다. 공장에서는 이에 대응하기 위해 주의력 향상의 일환으로 푸른 광선을 도입했다.

어쩌면 이 새로운 세포의 발견에서 가장 놀라운 측면은 그러한 세포의 존재로 인해 실명에 대한 우리의 이해가 다시 정의되었다는 점일 것이다. 유전병에 의해 눈의 시각세포를 잃어버린다 해도 새로운 수용기(감각기)는 계속해서 작동한다. 시각이 손실된 사람들일지라도 이렇듯 푸른빛을 감지하는 세포는 여전히 작동하므로 낮에 빛을 감지하고 체내 시계를 밤낮의 주기에 맞출 수 있다.

그렇다면 우리는 왜 특별히 파란색 빛에 영향을 받는 것일까? 과학자들도 그 이유를 정확히 밝혀내진 못했지만 새로운 수용기는 구름 한 점 없는 파란색 하늘과 동일한 파란색에 거의 정확하게 맞춰져 있다. 따라서 우리가 주변 환경의 전반적인 밝기를 감지할 수 있도록 도와주는 것이다. 흥미로운 점은 이러한 수용기에서 나타나는 푸른빛에 대한 민감성이 전혀 다른 동물 집단에서도 동일하게 나타난다는 것이다. 이는 이러한 동물들 역시 주변 환경에서 동일한 빛 신호, 아마도 푸른 하늘색에 맞춰져 있다는 것을 의미한다.

인간

동물의 왕국은 거의 모든 색조와 색상 계열을 아우르는 방대한 색상 진열품을

제시한다. 반면 인간은 수많은 다른 종들과 달리 눈에 띄는 그 어떤 밝은 색상 하나

없이 참으로 따분하다. 눈이 아무리 파랗고 머리가 아무리 빨갛다 해도 나비의

날개나 새의 깃털과 비교하면 말 그대로 '재미가 없다.'

　색상과 인간의 관계에 대해 생각해보면 두 가지 아이러니에 맞닥뜨리게 된다.

인간은 상대적으로 무색이지만 다른 그 어떤 포유동물이나 동물 세계의 수많은

생명체보다 많은 색상을 볼 수 있다는 점이다. 또한 인간은 피부, 머리카락, 눈을

통해 아주 적은 수의 색상만을 표현하지만 이 행성의 어디쯤에서 왔는지, 그리고

어느 부족에 속해있는지에 따라 이 적은 수의 색상이 매우 다양하게 세분화될

수 있다.

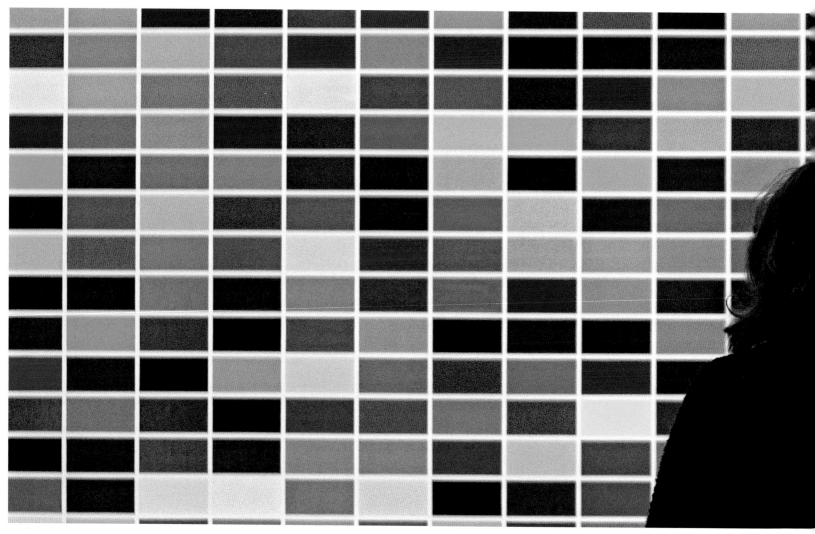

2012년 6월 4일 파리의 퐁피두 센터에서 개최된 〈게르하르트 리히터: 파노라마〉 전시회 중 1973년 독일 화가 게르하르트 리히터Gerhard Richter의 〈1024가지 색채1024 Farben〉라는 그림을 감상중인 한 여인

색상과 관련된 이러한 아이러니는 한편으로 인간의 큰 두뇌 탓일 수 있다. 인간은 수많은 색상을 볼 수 있을 뿐 아니라 눈으로 본 것을 인지하는 고유한 능력을 보유하고 있다. 이런 능력은 인간이 세상을 어떻게 여기는지에 끊임없이 영향을 미친다. 비록 대부분의 경우 우리가 지각하고 있다는 사실조차 의식하진 못하지만 이 세상은 색상을 통해 우리에게 모습을 드러내며, 이러한 색상은 매 순간 우리가 바로 다음번 행보를 어떻게 정할지 계획할 수 있도록 도와준다.

　인간은 지금까지 색을 사용해오면서 색을 오용 또는 남용하거나 색을 좋아하기도 싫어하기도 했다. 하지만 우리는 항상 색에 둘러싸여 있었으

며 심지어 1차적으로 우리를 둘러싸고 있는 인간의 피부조차 색상을 띠고 있다.

　그렇다고 지금 우리 눈에 보이는 색상들을 항상 볼 수 있었던 것은 아니다. 우리 조상격인 영장류는 주로 야행성으로, 세상을 단색 또는 두 가지 색으로 지각했다. 점차 뇌가 자라기 시작하고 낮에 더 많이 활동하게 되면서 색은 더욱 중요해졌다. 시각피질(대뇌피질 내에서 직접 시각 정보 처리에 관여하는 후두엽에 위치한 영역)이 더 복잡한 정보를 처리할 수 있을 만큼 확장되었으며 세 번째 원추 세포가 발달했다. 이에 따라 두 가지 색을 지각하는 2색형 색각자에서 3원색을 식별할 수 있는 삼색자로 진화되어

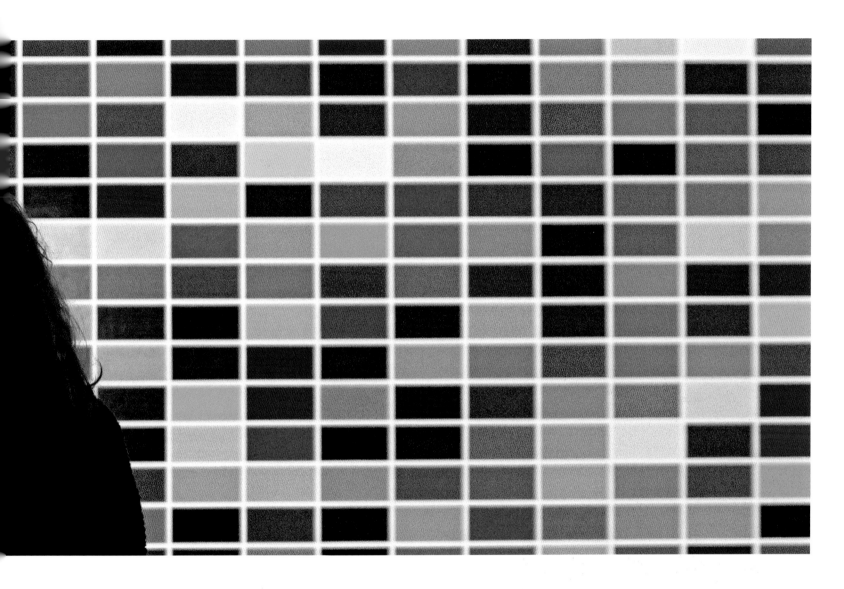

우리가 볼 수 있는 색깔의 수가 기하급수적으로 늘어나게 되었다.

인간은 다른 감각기관에 비해 시각에 크게 의존하는 편이다. 실제로 다른 그 어떤 동물보다 시각 의존적이라고 할 수 있다. 인간은 대개 눈을 통해 정보를 받아들인다. 신피질(감각 인식, 언어 등 더 복잡한 활동을 처리하는 뇌의 영역)의 80% 이상이 시력과 연관되어 있다.

그렇다면 인간이 볼 수 있는 색은 몇 가지나 될까? 10만? 50만? 천만? 평균적으로 인간이 볼 수 있는 색상은 천만 가지나 된다.

인간 '무지개' 인간의 모발 색상은 아주 연한 흰색부터 윤기 나는 검은색까지 매우 다양하다. 눈 색깔은 얼음같이 차가운 푸른색에서부터 여러 색조를 띤 담갈색, 그리고 다양한 갈색으로 나타난다. 피부는 창백한 핑크색에서 짙은 갈색까지 다양하다. 믿기 어렵겠지만 이렇듯 인간의 머리카락, 눈, 피부에 나타나는 색상은 오직 한 가지 색소가 많거나 부족해서 드러나는 현상이다. 이 색소는 바로 멜라닌이다. 까무잡잡한 아프리카인들은 밝은색 피부를 가진 북유럽 사람들에 비해 피부 외층에 더 많은

알래스카의 이뉴잇 족(캐나다 북부 및 그린란드와 알래스카 일부 지역에 사는 종족)은 온화한 기후의 종족들과 피부색이 비슷하다.

프랑스 화가 피에르 다비드Pierre David는 인간의 피부색 무지개를 만들어 '흰색'에서 '검은색'까지 아주 미세한 피부색 변화를 보여준다.

멜라닌 색소를 보유하고 있다. 갈색 눈을 가진 사람들은 담갈색, 초록색, 파란색 눈을 가진 사람들보다 멜라닌 색소가 더 많은 것뿐이다. 파란색이나 초록색 눈은 창백한 피부를 가진 사람들에게서 나타나는데, 알다시피 이러한 색상은 멜라닌 이외의 색소로 인해 발현되는 것이 아니라 빛의 선택적 산란 효과에 의한 것이다. 파란 눈에는 멜라닌 색소가 아예 없다. 초록색 눈은 눈에서 노란빛을 띤 멜라닌이 산란 효과로 생성된 파란색과 섞여 만들어진 것이다. 멜라닌이 갈색, 검정, 빨강, 금발 머리를 발현시킨다면 흰색 모발에는 푸른색 눈과 같이 멜라닌이 아예 포함되어 있지 않다. 회색에는 약간의 멜라닌이 들어 있다. 그 모습 역시 비선택적 산란으로 인한 광학적 효과의 산물이다.

식물이나 동물과 마찬가지로 인간의 모발, 눈, 피부에 색소가 존재하는 데는 매우 그럴듯한 이유가 있다. 멜라닌은 자연적으로 생성된 자외선 차단제다. 우리는 햇빛으로 뒤덮인 행성에 살고 있기 때문에, 이러한

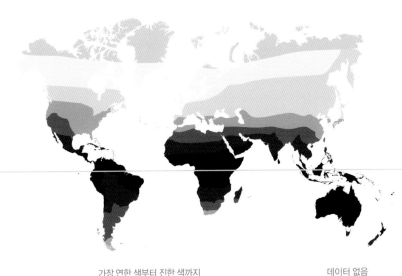

이 세계 피부색 지도는 적도를 기준으로 적도에서 멀어질수록 피부색이 어떻게 변하는지 보여준다.

위 지도에 표시되진 않았지만 눈에 갇혀 한 장소에 오래 거주한 민족의 경우 피부가 까무잡잡한 경향이 있다. 이것은 눈 자체가 태양의 자외선에 대해 엄청난 반사기 역할을 수행하기 때문이다. 바깥은 춥더라도 이러한 태양 광선이 타는 듯 강할 수 있으므로 까무잡잡한 피부가 이러한 광선에 대한 보호막 역할을 수행하는 것이다.

피부의 적응 방법 그렇다면 인간은 왜 그토록 많은 색을 식별할 수 있음에도 그렇게 적은 색으로 발현되는 것일까? 가장 그럴듯한 가설은 인간이 색을 식별할 수 있는 능력을 발전시켜온 것은 다른 동물들과 마찬가지로 익은 과일을 알아보기 위한 것이라는 것이다. 그럴듯하다. 하지만 그럴듯한 또 하나의 가설이 있는데, 인간이 이 모든 색을 구분할 수 있는 것은 피부색 때문이라는 것이다.

당신의 피부를 보라. 무슨 색인가? 그 색의 이름은 무엇인가? 복숭아색이나 초콜릿색이라고 했다면 그게 사실인지 다시 한 번 확인해보라. 당신의 피부 옆에 복숭아나 초콜릿을 가져다 놓으면 일치하지 않는다는 것을 알게 될 것이다. 피부색에 대해 생각해볼수록 어떤 색인지 정확하게 말할 수 없다는 사실이 이상하게 여겨질 것이다. 우리 조상들이 지금까지 수많은 피부색을 가져왔다는 것을 고려하면 그들은 이 절대 벗을 수 없는 피부색을 설명하기 위해 수많은 단어를 개발해온 듯하다.

보호막 없이는 태양의 자외선 방사를 견뎌낼 수 없을 것이다. 따라서 태양 빛이 더 강한 환경에 거주하던 조상들은 이 유익한 물질이 들어있는 특수 세포 내에서 점차 더 많은 멜라닌을 개발해왔다.

피부에 멜라닌이 많을수록 전반적인 자연 면역력이 증강되어 암뿐 아니라 다른 질병이 발병되지 않도록 도와준다. 연구 결과, 피부가 검을수록 파킨슨병이나 다발성 경화증, 이분척추(태아 발달기에 척추가 완전히 만들어지지 못하고 갈라져서 생기는 선천성 척추 결함) 발병률이 낮았다. 또한 까무잡잡한 피부는 태양으로 인한 손상에도 잘 견디므로 잘 늙지 않는다.

멜라닌 색소가 집중되어 있는 부분에 한 가지 중요한 결함이 있다면 그것은 멜라닌이 비타민 D의 흡수를 저해한다는 것이다. 비타민 D는 우리의 피부를 손상시킬 수 있는 자외선에 의해 흡수가 활성화되는 영양소로, 칼슘의 흡수와 활용을 도와준다. 인간의 뼈부터 뇌, 면역체계에 이르기까지 인간의 신체는 생존과 번성을 위해 비타민 D가 필요하다. 인간이 아프리카에서 태양빛이 적은 북유럽으로 이동해감에 따라 피부색이 옅어지고 멜라닌이 줄어들었지만 비타민 D 흡수율은 오히려 증가했다.

수리남

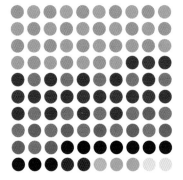

인종 집단 : 힌두스타니 37%, 크리올(유럽인과 흑인의 혼혈) 31%, 자바 15%, 마룬(서인도 제도에 거주하는 흑인) 10%, 아메리카 원주민 2%, 중국인 2%, 백인 1%, 기타 2%

핀란드

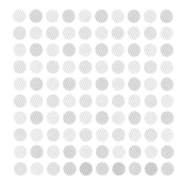

인종 집단 : 핀란드인 93.4%, 스웨덴인 5.7%, 러시아인 0.4%, 에스토니아인 0.2%, 로마(집시) 0.2%, 사미인 0.1%

남아프리카

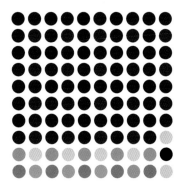

인종 집단 : 아프리카계 흑인 79%, 백인 9.6%, 유색인 8.9%, 인도인/아시아인 2.5%

카타르

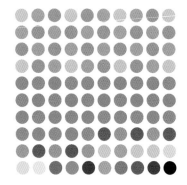

인종 집단 : 아랍인 40%, 인도인 18%, 파키스탄인 18%, 이란인 10%, 기타 14%

네덜란드 출신 디자이너 라이네케 오텐Reineke Otten은 위와 같이 시선을 끄는 피부색 지도를 만들어 국가별 인구, 지도, 경제, 정치, 사회 관습과의 연관성을 나타냈다. 그녀의 말대로 '우리 행성은 이주, 국제결혼, 성형, 전쟁, 기차, 비행기, 자동차 등을 통해 급변하는 복잡한 구성 요소를 지니고 있다. 지구의 피부 색조는 지속적인 진화의 연장선상에 있다.'

이렇듯 피부색의 이름을 정하기는 보이는 것만큼 쉬운 일은 아닌 것 같다. 실제로 피부색은 확실하게 정의하기 어렵다. 마치 색채 전이라도 하는 것처럼 보인다. 피부는 안팎에 존재하는 다수의 요소에 따라 낮이나 밤에 다른 색조를 띨 수 있다. 따라서 피부색을 정의하기가 극도로 어려워진다. 덥거나 춥거나 아프거나 화가 나거나 또는 두려운지에 따라 피부색이 이러한 상태를 반영해서 바뀔 수 있다. 그렇다고 누군가가 분노에 차서 빨갛게 되거나 두려움으로 하얘지거나 추위로 파래진다고 말할 수는 없겠지만 분명 이러한 변화가 일어나고 우리 역시 이러한 변화를

인식할 수 있다. 실제로 아주 빨개지거나 파래지거나 백지장처럼 하얘지진 않겠지만 우리 피부가 이러한 색조를 약간이라도 띠게 된다고 말할 수 있을 것이다.

인간의 경우 일상생활을 영위하고 다른 사람들과 교류하면서 누군가가 뜨겁거나 차갑고 아프거나 화가 나거나 두려워한다는 사실을 인식할 수 있는 능력이 매우 중요하다. 이에 따라 우리의 색각이 동료 인간의 차이점을 식별할 수 있도록 개발되어 왔다는 설이 설득력을 얻게 되는 것이다. 적과 싸울 때 그의 얼굴빛이 붉어지면 후퇴해야 하는 시점일 수 있다. 또한 아기의 피부색이 파랗거나 노랗게 보이면 의사를 불러야 할 때일 수 있다.

비슷한 맥락에서 우리 조상들이 거의 아무것도 걸치거나 입지 않은 시절로 돌아가 보면 이방인들에게 중요한 첫인상을 주는 것은 바로 피부였다. 생물학적으로 볼 때 이러한 피부색의 차이는 단순히 멜라닌 수치를 나타내는 것이다. 인간은 비록 같은 성분으로 구성되었더라도 인종으로 스스로를 구분하며 피부색에 상당한 의미를 부여해왔다. 피부색으로 전쟁이 시작되었고 사랑이 끝났으며 세대에 걸쳐 노예가 되었고 전체 인구의 운명이 바뀌었다. 경우에 따라 터무니없고 수치스러운 억측이 실리기도 했다. 더 비참한 사실은 이러한 억측이 오늘날에도 여전히 적용된다는 것이다. 피부색과 멜라닌의 관계, 그리고 오늘날 피부색이라는 것이 실제 우리가 가지고 있는 것의 극히 일부만 발현된 것이라는 사실을 알고 있는 이 시점에도 말이다.

색상이 이 우주의 거의 모든 것을 정의한다는 사실을 고려할 때 색상이 그 정도로 중요하다는 사실이 그다지 놀랍지는 않을 수 있다. 동물들의 경우 이러한 중요성이 대부분 동종 동물들의 색상에 따라 정의되는데, 이는 우리 인간도 크게 다르지 않다. 사실 인간이 이렇듯 많은 색을 구분하는 축복을 받지 않았더라면 냄새의 차이 때문에 전쟁을 일으키거나 냄새 맡기 의식을 얼마나 오래 지속할 수 있느냐에 따라 지위가 결정되거나 혹은 맨 처음 맡은 냄새로 사랑에 빠질지도 모르는 일이다.

색각의 기본 구성 요소 인간이 노란색 과일을 보고 아픈 아기를 돌보고 적이 화가 났는지 식별할 수 있는 것은 삼색 시각이 있기 때문이다. 이는 진화 여부에 관계없이 인간이 그토록 많은 색을 구분할 수 있는 이유가 된다. 여기서 삼색자trichromatic의 'tri'는 인간의 망막에 포함되어 있는 세 가지 서로 다른 종류의 원추 세포를 의미한다. 21페이지에서 다룬 내용을 되짚어보면 이 세 종류의 원추 세포는 가시 스펙트럼에서 세 가지 종류의 다른 광선에 반응한다. 하나는 파랑과 보라로 지각되는 단파장을

흰색, 검정 또는 그 중간?

전 세계가 피부색의 이름을 짓는 데 어려움을 겪어 온 것은 사실이지만 한 가지 주목할 만한 예외는 있다. 바로 브라질이다. 이 나라는 복잡한 역사를 겪어오면서 다양한 피부색과 그에 대한 이름이 공존하게 되었다.

미국의 식민지화 정책과 달리 유럽의 침입자들은 자신들을 '원주민'과 구분하고 계속해서 피부를 흰색으로 유지하고자 했지만 브라질의 식민지 개척자들은 동일한 노선을 밟지 않았다. 이들은 인구를 계속해서 늘릴 필요가 있었으므로 피부색이 밝은 유럽인들이 까무잡잡한 원주민들과 결혼하도록 권장하는 실정이었다.

17세기경에는 이러한 식민지 개척자들이 전혀 다른 문제에 봉착했는데, 바로 주위에 백인 여성이 많지 않았던 반면 아프리카에서 새로 도착한 노예는 넘쳐났다는 사실이다. 백인이 우월한 종족이라는 아이디어를 제창했던 사회 진화론자들이 등장할 무렵 브라질은 19세기 후반에 접어들고 있었으며 때는 이미 늦었다. 이 나라는 다양한 피부색으로 넘쳐났으며 '사회 진화론자'들은 곤경에 처했다. '우월'과 '열등'을 어느 선에서 구분지어야 할지 모호해져 버린 것이다.

식민지 독립 후에도 브라질은 인종에 민감했지만 남아프리카, 인도, 미국 등의 다색 사회보다 확실히 포용적이었다. 이로 인해 다양한 피부색을 일컫는 수백 개의 이름이 넘쳐나게 되었다. 그중 하나가 물라토 mulatto(각각 백인과 흑인인 부모 사이에서 태어난 사람)라는 용어인데, 여기에는 미국에서 은연중에 내포하는 인종주의자들의 차별적인 의미가 포함되어 있지 않다.

ALVERENTA
물속의 그림자

PARÁBA
마루파 나무색

JAMBO
검붉은 오렌지의 진홍색

COR-DE-CANELA
계피 색조

MORENA-CASTANHA
캐슈너트의 황갈색

TRIGUEIRA
곡식 밀의 색

ROSA-QUEIMADA
매끄러운 장밋빛

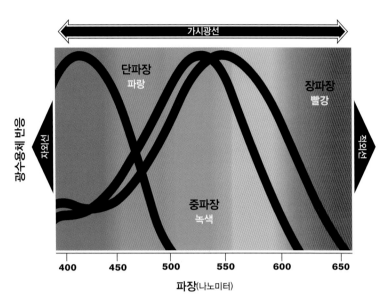

장파장을 감지하는 원추 세포를 '빨강' 원추 세포라고 하지만 위에서 보듯 각 파장의 최고 민감도는 노란색 광선에 있고 최저 민감도는 빨강에 있다.

감지하고 다른 하나는 녹색과 노란색으로 지각되는 빛의 중파장을 감지하며 나머지는 빨강, 주황, 노랑으로 지각되는 장파장을 감지한다. 이에 따라 원추 세포를 보통 빨강, 파랑, 녹색으로 일컫는데, 원추 세포가 없

다면 이러한 빛의 파장이 무색으로 보일 것이다.

우리는 원추 세포에서 뇌로 전송된 전기 신호를 통해 색을 인지하게 된다. 뇌는 어느 원추 세포가 가장 활발한지 비교한 후 그에 따라 색상을 정하고 각각의 원추 세포를 통해 우리의 감각이 무엇을 인지하도록 선택하는지(또는 무엇을 선택하지 않는지) 계산하는 데이터 분석을 활발하게 수행한다. 이러한 비교 연산의 결과물로 우리는 빨강에서 보라까지 다양한 색을 볼 수 있게 된다.

단 세 종류의 원추 세포로 천만 가지의 색상을 볼 수 있다는 사실 또한 놀랍다. 우리 뇌의 연산 능력은 미세한 차이를 모두 기록하도록 되어 있으므로 쉽사리 포화 상태에 이르게 된다. 이에 따라 각각의 원추 세포 유형에서 발생하는 모든 활동을 인식하는 것이 매우 혼란스러울 수 있으므로 뇌는 외부에서 들어오는 감각을 단순화시킨다.

불행히도 일부는 색맹이라 세밀하게 조정된 연산체계를 가지지 못한다. 광수용체의 발달을 담당하는 유전자는 X 염색체에 존재하는 데, X 염색체가 하나뿐인 남성의 경우 이러한 유전자에 변이가 일어나면 색맹이 될 가능성이 있다. 따라서 여성보다 남성에게 색맹이 더 많이 발생한다. 실제로 정상 색각이 되려면 건강한 X 염색체 한 개만 있으면 되므로 여성에게는 색맹이 거의 나타나지 않는다.

대다수의 포유동물처럼 인간도 대부분 적록 색맹이다. 매우 드물지만

내가 보는 것이 보이니?

제2색맹(녹색맹이라고도 불리는 선천성 색각이상)은 색맹에서 가장 일반적으로 나타나는 증상이다. 제2색맹과 적색맹인 제1색맹 모두 '빨강'과 '녹색'을 보지 못하는 증상은 같지만 그 원인은 서로 다르다. 제2색맹은 녹색 광선에 민감한 원추 세포가 결여되어 있고, 제1색맹은 붉은색 광선에 민감한 원추 세포가 결여되어 있다. 반면 제3색맹은 소위 '파란색'과 '노란색'을 보지 못하는데, 이는 푸른색 광선을 감지하는 원추 세포가 없기 때문이다.

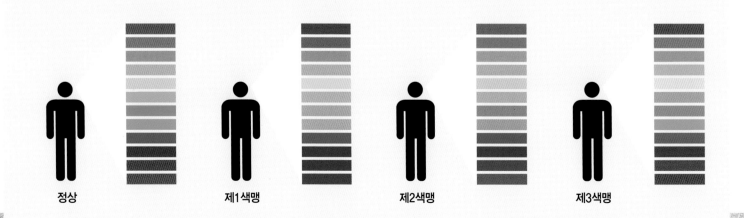

정상　　　　제1색맹　　　　제2색맹　　　　제3색맹

르네 마그리트Rene Magritte의 〈빛의 제국 IIThe Empire of Light II〉는 간상체와 추상체가 어떻게 작동하는지 보여준다. 그림 하단부에서는 우리 눈이 온갖 종류의 회색 색조를 감지할 수 있지만 색조가 거의 없고 흰색도 찾아볼 수 없다(가로등에서 흘러나오는 백색광은 차치하자). 반면 하늘에서는 빛과 어둠의 미묘한 차이보다 푸른색과 흰색이 선명하게 보인다.

파란색이나 노란색을 구분하지 못하는 청황 색맹 또는 원추 세포가 전혀 작동하지 않고 회색 색조만 구분하는 완전 색맹이 나타나기도 한다.

여성에게만 나타나는 또 다른 원추 세포 유전자 변이가 있는데, 이것은 제약이라기보다 오히려 자산에 가깝다. 바로 빨강, 주황, 노랑에 대한 초감각적 능력을 보유한 네 번째 원추 세포가 발달하는 것이다.

수백만 개의 간상체 위에 지어진 집 앞서 언급한 대로, 간상체는 빛을 세밀하게 구분하는 능력이 뛰어나지 않다. 대신 어느 색이 더 선명하고 어느 색이 더 흐린지 구분하거나 어둡기에서 밝기의 단계를 구분하는 등 색상대비를 구별하는 데 탁월한 능력을 보유하고 있다. 인간에게는 간상체가 추상체(원추 세포)보다 훨씬 많은데, 간상체는 대략 1억 2천만 개인데 비해 추상체는 6~7백만 개가 존재한다. 자신의 간상체가 어떻게 작동하는지 실험해보고 싶다면 맑은 날 저녁에 바깥으로 나가 하늘을 바라보라. 이때는 색을 정확하게 지각할 만큼 빛이 충분하지 않으므로 추상체가 작동하지 않는 대신 간상체가 발동한다. 희미한 별 하나를 찾아 똑바로 쳐다보라. 흐릿하게 보이지만 약간 떨어져서 별이 눈의 초점이 아닌 주변 시야각에 위치하도록 하면 훨씬 선명하게 보일 것이다. 이것은 간상체가 추상체 주변에 있어서 측면의 정보를 수집하기 때문이다.

색상대비의 시각적 접합 우리의 간상체와 추상체는 끊임없이 정보를 수집하고 뇌는 이 정보를 처리한다. 뇌는 가끔 자체적인 창조 활동을 통해 인식의 차이를 메우기도 한다. 즉, 뇌가 어떤 색이 있어야 한다고 믿는다면 실제로 그 색이 있는 것처럼 만들어낼 수도 있다.

예를 들어 레몬을 볼 때마다 머릿속에서 무슨 색인지 알아내야 한다고 상상해보자. 어두울 때는 갈색으로 보이고 타는 듯이 이글거리는 햇빛 아래에서는 노란색이 빛을 잃을 것이며 불 옆에서는 주황색으로 보일 것이다. 하지만 우리의 뇌는 재계산 방법을 이미 알고 있으므로 레몬을 항상 노란색으로 기록하는데, 이 과정을 색순응(색의 빛 자극을 봄으로써 일어나는 일시적인 감도의 변화) 또는 색채 불변성(조명 및 관측 조건이 다르더라도 주관적으로는 물체의 색이 변화되어 보이지 않고 항상 동일한 색으로 색채를 지각하는 성질. 색의 항상성 혹은 색각 항상)이라고 한다.

아래의 사진 (A)를 보자. 이 사진은 청록색 필터를 끼고 본 모습이다.

왼쪽에서 세 번째 여인을 보라. 그녀의 사리가 무슨 색으로 보이는가?

'노란색'이라고 답했다면 정답이다. 다음은 청록색 필터를 제거하고 본 원래 사진이다.

B.

사진 (C)는 방금 당신의 눈에 발생한 '색순응' 현상을 설명하기 위해 사진 (A)에서 해당 여성의 사리를 가져와 사진 (B) 위에 겹쳐놓은 것이다.

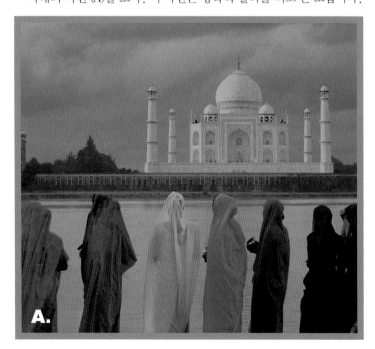

A.

C.

보이는 대로 사진 (A)에서 여성의 사리는 실제로 녹색이었다. 노란색으로 보였던 것은 우리 눈이 사진에 있는 모든 사물이 초록색 빛을 띠는 환경에 적응했기 때문이다. 따라서 이 특정 환경에서 여인의 녹색 사리가 노란색으로 보였던 것이다.

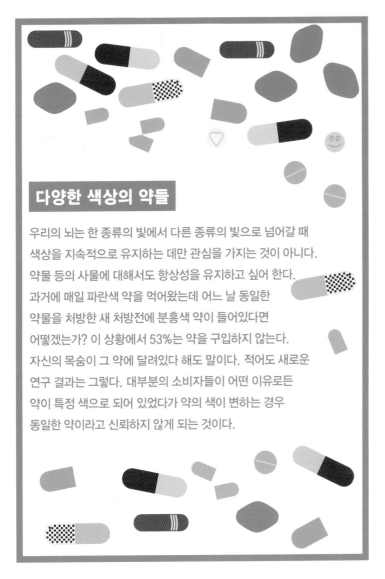

다양한 색상의 약들

우리의 뇌는 한 종류의 빛에서 다른 종류의 빛으로 넘어갈 때 색상을 지속적으로 유지하는 데만 관심을 가지는 것이 아니다. 약물 등의 사물에 대해서도 항상성을 유지하고 싶어 한다. 과거에 매일 파란색 약을 먹어왔는데 어느 날 동일한 약물을 처방한 새 처방전에 분홍색 약이 들어있다면 어떻겠는가? 이 상황에서 53%는 약을 구입하지 않는다. 자신의 목숨이 그 약에 달려있다 해도 말이다. 적어도 새로운 연구 결과는 그렇다. 대부분의 소비자들이 어떤 이유로든 약이 특정 색으로 되어 있었다가 약의 색이 변하는 경우 동일한 약이라고 신뢰하지 않게 되는 것이다.

빛이 거의 없는 곳에서 밝은 곳으로 나갈 때도 비슷한 현상이 발생한다. 마치 한밤중에 방에 불을 켜는 것과 같다. 처음에는 방에 있는 모든 사물이 극도로 밝아 잘 구분되지 않지만 1~2분쯤 지나면 눈이 적응하여 다시 정상적으로 보이게 된다. 한꺼번에 많은 색상을 볼 때도 마찬가지다.

우리 눈은 지나치게 자극적인 경험이 들어올 때 이를 다시 복원하는 대단한 능력을 보유하고 있다. 예를 들어 아래에 있는 비행기 사진을 보자. 왼쪽이 어떻게 보이는가? 왼쪽은 청록색, 오른쪽은 노란색으로 덮여 있는 것처럼 보일 것이다. 이제 눈에서 어떻게 이러한 색상이 사라지도록 하는지 알아보자. 비행기 사진 위의 청록색과 노란색 사각형 사이에 있는 검은색 점을 30초 동안 응시해보라. 그런 다음 눈을 아래로 내려 비행기에 그려진 검은색 점을 바라보라.

이제 사진의 왼쪽과 오른쪽이 동일하게 보일 것이다. 눈이 색순응을 마친 것이다.

색 언어

> 인간은 본질적으로 2개가 아니라 3개의 눈으로 본다. 바로
> 우리 몸에 있는 2개의 눈과 그 뒤에 있는 마음의 눈이다.
>
> – 프란츠 델리츠Franz Delitzsch, 1878년

인간의 뇌는 간상체와 추상체를 통해 모든 정보를 수집하고 이전에 본 것들을 토대로 이 정보를 해석하며 조명 환경에 따라 보정을 수행할 뿐 아니라 우리가 가진 색상 언어로 우리가 본 것들을 인지할 수 있도록 도와준다.

우리가 보는 모든 색상은 각기 고유하지만 뇌는 이러한 색상을 각각의 범주, 즉 비슷한 색조로 분류하여 수백만 가지의 다른 언어로 표현할 필요가 없도록 해준다. 이런 식으로 우리는 우리가 본 것을 다른 사람들에게 빠르고 쉽게 설명하고 그들에게 우리가 의미하는 바를 이해시킬 수 있다.

대부분의 인간은 셀 수 없이 많은 수의 색상을 연한 청색을 띤 녹색 turquoise, 암녹색teal, 감청색royal, 짙은 감색navy, 밝은 청색cornflower 등의 몇 가지 그룹으로 묶어서 인지한다. 대다수의 사람들이 이 모든 색 그룹을 단순히 청색으로 설명하는데, 이러한 색조를 알아내는 우리 뇌의 기능이 언어로 증명되지는 않았다.

문제는 우리가 오늘날 사용하는 기본적인 색조에 대해서조차 적절한 설명어를 찾을 수 없다는 것이다. 실제로 '무지개' 색의 이름을 모두 짓는 데만 해도 상당한 시간이 소요되었으니 말이다. 게다가 모든 문화가 이러한 기본 색조에 대해 의견을 같이하는 것도 아니다. 어디에 사는지에 따라 색 언어도 달라진다. 아직도 검정과 흰색 외에 다른 색상에 대한 이름이 없는 종족도 있다. 이들은 일본인들처럼 색상을 설명할 때 오히려 색상 대신 질감과 광택을 언급한다. 그렇다고 이러한 문화에 속한 사

> 우리가 볼 수 있는 색상의 미묘한 차이들을 고려할 때
> 이러한 색상을 표현하기 위한 어휘 수는 지극히 적다.
> 생각나는 모든 색상을 한 번 적어보라.
> 지금 바로 1분만 투자해보라.
> 천만 개 가까이 적을 수 있는가?
>
> **아마 20개를 적기도 어렵다는 것을 발견할 것이다!**

람들이 실제로 색상을 적게 보는 것일까? 19세기와 20세기에 걸쳐 언어 또는 언어의 부족이 생물학적인 차이를 드러내는지에 초점을 맞춰 격렬한 논쟁이 펼쳐졌다. 누군가 하늘을 검정으로 묘사한다고 해서 실제로 그가 파란색을 보지 못하는 것일까? 이제 우리는 확실하게 '아니요'라고 답할 수 있다. 하지만 어휘 목록에 어떤 색상 이름이 추가되면 그 색조가 살아 움직이는 것처럼 느껴지는 것이 사실이다.

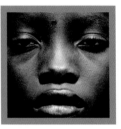

우리는 때로 부정확한 색상 언어를 사용한다. '붉은 양배추'는 분명 자줏빛이고 '화이트 와인'은 금빛, '검은색 피부'는 실제로 갈색을 띤다.

색에 이름이 부여된 순서를 살펴보면 우리 조상들이 살던 시대에 세상의 색이 어떠했는지 알아낼 수 있다. 검정과 흰색은 거의 모든 문화에서 가장 먼저 명명되었으며 그다음은 빨강이었다. 이후 순서는 조금씩 달랐지만 대체로 노랑이나 녹색 순이었고 그다음은 파랑 또는 보라/자주였다. 주황이나 분홍은 훨씬 나중에 등장했다. 새로운 색상이 명명되기 전에는 우선 기존에 있던 색상으로 분류되었는데, 예를 들어 파랑과 녹색의 경우 이 두 색상을 설명하는 데 보통 녹색이 사용되었다.

미술의 역사를 살펴보면 우리가 보는 것과 언어와의 관계에 대해 많은 사실을 알게 된다. 특히 무지개 그림과 관련된 경우 더욱 그러하다. 12세기에는 무지개가 중앙에 한 무리의 흰색이 통과하는 빨강과 녹색으로만 묘사되었다. 르네상스 시대에 이르러서야 다른 색조가 추가되었으며 18세기 포스트 뉴턴 시대에는 오늘날 우리가 부르는 색상 밴드가 추가되었다. 이것은 한편으로 특정 색소의 가용성 여부와 관계가 있었으며 그 반대 상황 역시 적용되었다. 즉, 색상에 대한 인식 자체가 어느 정도는 그 색에 대한 언어가 만들어지면서 발달된 것이다.

맨 앞에서 살펴본 대로 무지개의 색이 어떻게 분류되는지, 다시 말해 얼마나 많은 색조로 구성되는지는 인간이 임의로 만든 것이었다. 이러한 자의성은 러시아 언어를 볼 때 더욱 명확해진다. 러시아어에는 '파란색'을 설명하는 두 단어가 있는데, 오늘날에도 무지개를 묘사하는 대부분의 교과서에서 발견된다. 바로 밝은 청색을 의미하는 *goluboi*, 짙은 청색을

엘즈워스 켈리Ellsworth Kelly의 스펙트럼 시리즈 중에서 12세기의 3색 무지개와 다색 무지개 버전을 비교해보라.

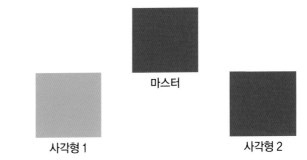

그런 다음 사각형 1과 2 중에서 마스터 사각형과 같은 색상이 무엇인 지 골라보도록 했다. 만약 사각형 1과 2의 색상이 아주 달랐다면 마스터 사각형과 같은 색상을 골라내는 작업이 아주 빠르고 간단했을 것이다. 하지만 사각형의 색상이 매우 비슷했다면 결정하는 데 상당한 시간이 걸 렸을 것이다.

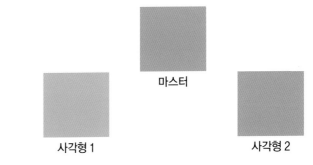

흥미로웠던 것은 동일한 실험에서 러시아의 이 파란색 주제를 다뤘을 때였다. 마스터 사각형의 색상과 일치하는 사각형이 중간 정도의 파란색 범위였을 때 러시아 주제에서 일치하는 사각형을 찾는 작업에 시간이 더 오래 걸렸다. 실제로 일치하지 않는 사각형의 파란색이 훨씬 옅거나 짙 었는데도 말이다.

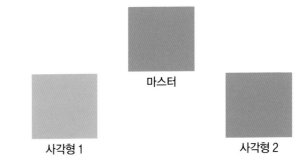

일치하는 사각형의 색조 범위가 러시아 주제에 해당하는 밝은 청색과 짙은 청색의 어디쯤에 속했으므로 이로 말미암아 현재 보고 있는 색상의

의미하는 *sinii*다. 이 차이는 영어에서 분홍과 빨강의 차이와 비슷한데 대 다수의 문화에서 특별히 구분 짓지 않는 차이다. 그렇다면 과연 언어가 우리가 지각하는 것에 실질적으로 영향을 미친다는 것을 증명할 수 있을 까? 러시아인이 '보는' 것이 미국인과 다른 것일까? 이 경우 그럴 수 있다 는 것이 증명되었다. 최근 실시된 단순하지만 심오한 실험 결과, 색상에 이름이 있는 경우 뇌에서 그 색상에 이름이 없을 때와는 다르게 처리한다 는 사실이 밝혀졌다.

예를 들어, 한 실험에서 사람들에게 오른쪽 그림에 있는 세 가지 사각 형을 보도록 했다.

색상 명명

천 개 또는 백만 개는 차치하고 매일 색상을 다루는 사람들조차 작업에 사용하는 모든 색상을 설명하려면 색상 이름을 100개 이상 대기도 어렵다. 그저 말이 혀끝에서 뱅뱅 돌 뿐이다. 사실 언젠가부터 색상의 이름을 짓는 일이 광고업계의 업무 영역이 되어버렸다. 특정 색조를 부르는 멋진 이름이 있다면 언어를 처리하는 우리 뇌의 일부에서 그 색을 '보고', 궁극적으로는 '구매'하도록 유도할 수 있기 때문이다.

색상 명명은 19세기 화학 산업이 출범하고 각종 페인트 색이 만들어지기 시작하면서 특히 중요해졌다. 실제로 색상을 가리키는 몇 안 되는 단어로는 다양한 페인트 색을 모두 팔 수는 없었으니 어찌 보면 당연한 일이다. 오늘날 페인트 견본 한 벌을 빼내서 살펴보면 그 이름이 영감을 주는 것[잘게 썰린 딜(허브의 일종이며 흔히 채소로 피클을 만들 때 넣음)]부터 우스꽝스러운 것(고양이의 야옹 소리)까지 다양하다는 것을 확인할 수 있다. 후자의 경우 영감을 주는 것도 정보를 주는 것도 아닌 그저 이해할 수 없는 색조에 불과하지만 말이다.

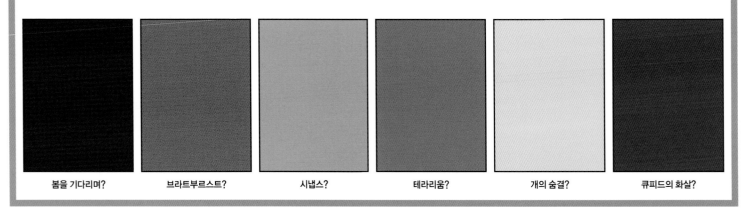

| 봄을 기다리며? | 브라트부르스트? | 시냅스? | 테라리움? | 개의 숨결? | 큐피드의 화살? |

이름을 알아내는 동시에 단순히 시각적으로 보이는 대로 선택하는 두 가지 작업이 서로 맞부딪히는 듯했다.

분명 이 실험을 보면 러시아인들의 뇌에 무슨 일이 더 벌어지고 있는 것 같다. 그들은 다른 사람들이 보지 못하는 것을 '보았고', 이로 말미암아 의사결정이 지연되었던 것이다.

관련 실험들도 비슷한 결과를 보여주었다. 결국 이름 짓기와 보는 것이 서로 연관되어 있다는 것이 밝혀진 것이다. 실제로 우리가 보는 것은 뇌의 언어 영역에서 보도록 활성화되어 있는지에 따라 바뀐다.

색을 사용한 의사소통 동물들과 마찬가지로 인간의 색상 지각은 다른 뇌 처리 과정과 연계해 작동하면서 우리가 무엇을 먹고 누구를 두려워하며 누구에게 매료되는지를 결정하도록 도와준다. 인간은 꾸준히 자연으로부터 배워온 매우 성실한 학생으로서 자연의 예를 통해 우리 나름의 색상 기호를 만들었으며, 이것이 우리가 걸어온 거의 모든 발걸음에 영향을 미쳐왔다.

지도와 도표 지하철 지도부터 기상도, 인간 게놈 지도, 교통 신호등에서 도로 표지판, 테러 경보 시스템, 설명된 물체나 개념 간의 관계를 밝히는 벤 도표에서부터 다양한 물체와 개념의 상대적인 비율을 나타내는 파이형 도표, 계획을 단계별로 나누는 흐름도, 그리고 위험이나 재해를 방지하기 위해 사용하는 안전색채규칙에서부터 뜨개질 본, 반사요법 도표에 이르기까지 우리는 지속적으로 색상을 사용하여 우리를 둘러싼 세

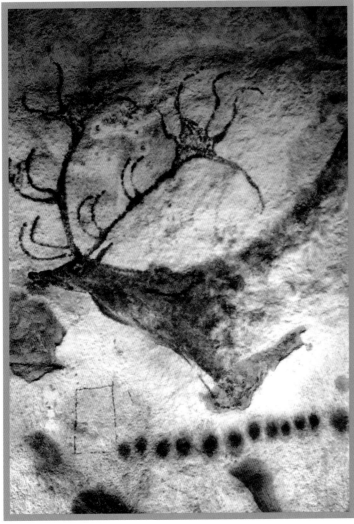

이 선사시대 라스코 동굴 벽화의 사본에서 벽화 하단 부분에 위치한 점들은 우주를 나타내는 고대의 표현 방식이었다.

고 다른 하나는 장식하는 것이다. 색은 보는 사람으로 하여금 무엇이 물이고 땅인지, 그리고 영역이 어떻게 구분되어 있는지 알 수 있게 해준다. 색은 도표를 사실상 해독 불가능한 것에서 명명백백한 것으로 전환시키고 또한 보는 이를 미적으로 자극하여 시선을 끌어당긴다.

사용 가능한 색상이 아주 적었거나 사용하기에 터무니없이 비쌌을 때는 지도와 도표가 지금처럼 이해하기 쉽지 않았다. 컬러 인쇄는 사실상

129도의 색

최근의 색채 지도 장애물을 살펴보면 색상이 얼마나 빠르게 정보를 전달하는지 파악할 수 있다.

호주는 최근 전례 없는 더위를 경험했는데, 이전의 기상도에 그 온도 범위를 나타낼 만한 색상이 없을 정도였다. 우리 모두 무지개 모양으로 한쪽 편에서부터 다른 편으로 색상을 변화시키면서 더위와 추위를 등급으로 나타내는 기상도를 본 적이 있을 것이다. 호주의 일기 예보관들은 이미 갈수록 올라가는 열기를 표현하기 위해 온갖 종류의 빨간색을 모두 사용한 상태였다. 결국 이들은 이 엄청난 온도를 제대로 나타내기 위해 자주색을 선택했다.

상을 지적으로 분류하고 재구성해왔다.

우리는 최초로 암석에 석탄을 넣었을 때부터 지금까지 계속해서 지도를 그리고 도표화해왔다. 지도와 도표는 우리가 이 도시를 비롯하여 바다, 그리고 우주를 탐색하는 방법을 이해할 수 있도록 도와주었다. 기원전 16,000년으로 거슬러 올라가는 라스코의 동굴 벽화조차 별이 그려진 점 지도와 도표를 보여준다.

색은 지도와 도표를 구성하는 기본 요소다. 지도 제작의 역사를 살펴보면 두 가지 주요 목적을 발견할 수 있는데, 그 하나는 정보를 주는 것이

경기 입장권

오일러/벤 도표

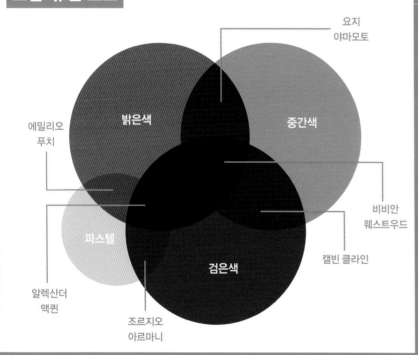

지하철 노선도

터치 타이핑

스포츠 경기에서 저렴한 좌석표를 구매하고 싶은가?

런던 지하철에서 오른쪽 라인을 타야 하는가?

빠르게 타이핑하는 방법을 배우는가? 색상을 활용하라.

이러한 색상 지도는 한눈에 볼 수 있도록 설명하거나 길을 찾는 데
색상을 사용하는 것이 얼마나 일반화되어 있는지 보여준다.

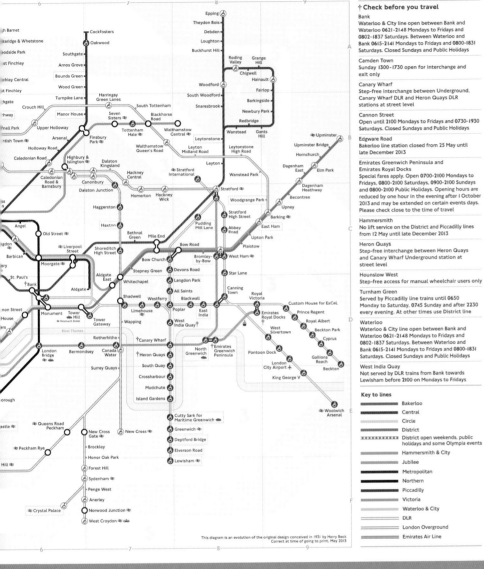

† Check before you travel

Bank
Waterloo & City line open between Bank and Waterloo 0621-2148 Mondays to Fridays and 0802-1837 Saturdays. Between Waterloo and Bank 0615-2141 Mondays to Fridays and 0800-1831 Saturdays. Closed Sundays and Public Holidays

Camden Town
Sunday 1300-1730 open for interchange and exit only

Canary Wharf
Step-free interchange between Underground, Canary Wharf DLR and Heron Quays DLR stations at street level

Cannon Street
Open until 2100 Mondays to Fridays and 0730-1930 Saturdays. Closed Sundays and Public Holidays

Edgware Road
Bakerloo line station closed from 25 May until late December 2013

Emirates Greenwich Peninsula and Emirates Royal Docks
Special fares apply. Open 0700-2100 Mondays to Fridays, 0800-2100 Saturdays, 0900-2100 Sundays and 0800-2100 Public Holidays. Opening hours are reduced by one hour in the evening after 1 October 2013 and may be extended on certain events days. Please check close to the time of travel

Hammersmith
No lift service on the District and Piccadilly lines from 12 May until late December 2013

Heron Quays
Step-free interchange between Heron Quays and Canary Wharf Underground station at street level

Hounslow West
Step-free access for manual wheelchair users only

Turnham Green
Served by Piccadilly line trains until 0650 Monday to Saturday, 0745 Sunday and after 2230 every evening. At other times use District line

Waterloo
Waterloo & City line open between Bank and Waterloo 0621-2148 Mondays to Fridays and 0802-1837 Saturdays. Between Waterloo and Bank 0615-2141 Mondays to Fridays and 0800-1831 Saturdays. Closed Sundays and Public Holidays

West India Quay
Not served by DLR trains from Bank towards Lewisham before 2100 on Mondays to Fridays

Key to lines
- Bakerloo
- Central
- Circle
- District
- District open weekends, public holidays and some Olympia events
- Hammersmith & City
- Jubilee
- Metropolitan
- Northern
- Piccadilly
- Victoria
- Waterloo & City
- DLR
- London Overground
- Emirates Air Line

This diagram is an evolution of the original design conceived in 1931 by Harry Beck
Correct at time of going to print. May 2013

안전 가이드

 응급
빨간색을 사용하여 방화시설 및 장치, 위험, 정지를 나타낸다.

 경고
주황색을 사용하여 기계의 위험 부분 또는 가압장치를 나타낸다.

 주의
노란색을 사용하여 주의와 신체적 위험을 표시한다.

 안전 장비
녹색을 사용하여 안전 및 응급 처치 장비를 나타낸다.

 안전 정보
파란색을 사용하여 안내표지판과 게시판에 사용되는 안전 정보를 나타낸다.

 교통/시설 관리과
검정과 흰색을 사용하여 교통 및 시설 관리과를 표시한다.

 방사선
자주색을 사용하여 방사능 위험을 알린다.

파이형 도표

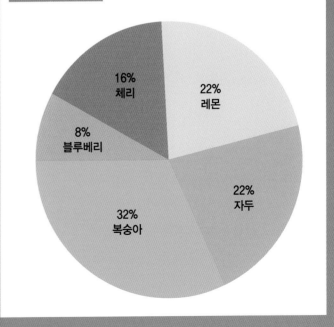

- 22% 레몬
- 22% 자두
- 32% 복숭아
- 8% 블루베리
- 16% 체리

기계 도표

A		휘발유 회로
B		LPG 고압 회로
B1		LPG 저압 증기
C		기화기 열 회로
D		LPG 전기 회로

1 LPG/휘발유 스위치
2 LPG ECU
3 LPG 탱크
4 LPG 기화기
5 휘발유 탱크
6 LPG 필터 밸브
7 휘발유 필터
8 LPG 제어 계전기
9 휘발유 분사장치
10 LPG 배전기
11 휘발유 ECU
12 LPG 주입구 원통
13 LPG 연료 게이지
14 LPG 배출구 원통

빨간색 주와 분홍색 주

색을 사용하여 개념을 잡을 때 중요한 것은 색상이라는 도구를 어떻게 사용하는가다. 순전히 가상의 예를 하나 들면, 왼쪽의 분포도는 사람들이 파이를 좋아하는 정도를 나타내는 효과적인 방법이다. 색상의 음영은 사람들이 파이를 즐기는 정도와 일치한다. 반면 다양한 색상으로 파이를 좋아하는 정도를 나타낸 오른쪽 지도는 이를 한눈에 파악하기가 다소 어렵다.

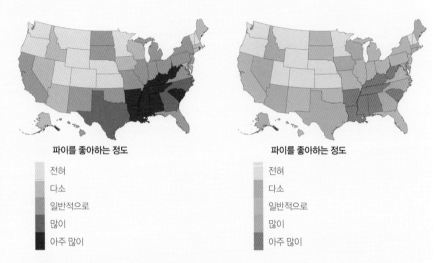

파이를 좋아하는 정도

전혀
다소
일반적으로
많이
아주 많이

파이를 좋아하는 정도

전혀
다소
일반적으로
많이
아주 많이

반대로 주별로 사람들이 좋아하는 다양한 파이 종류를 나타내는 데는 왼쪽의 스펙트럼 맵이 훨씬 효과적일 수 있다. 여기서는 색상이 다양한 파이의 종류를 나타낸다. 이 지도에서는 한 눈에 레몬 파이(노란색)를 가장 선호하는 주가 어디인지 알 수 있다. 한편 오른쪽의 분포도에 사용된 음영은 직관력이 떨어지고 보는 사람이 설명을 더 자주 참조해야 할 수 있다.

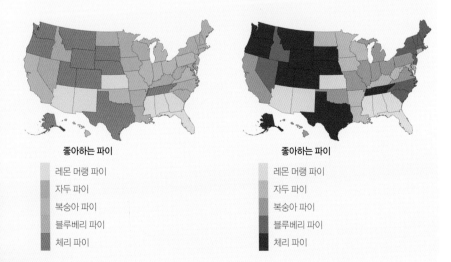

좋아하는 파이

레몬 머랭 파이
자두 파이
복숭아 파이
블루베리 파이
체리 파이

좋아하는 파이

레몬 머랭 파이
자두 파이
복숭아 파이
블루베리 파이
체리 파이

중세 연구가이자 화가인 힐러리 콘웰Hilarie Cornwell은 팅크(알코올에 혼합하여 약제로 쓰는 물질)를 사용하여 전쟁터를 배경으로 한 중세 깃발을 재창조했는데, 이때 색상은 적군과 아군을 구분하는 유일한 방법이었다.

지도와 도표의 세계를 완전히 바꿔놓았다. PC를 사용하면서부터는 원하는 모든 것을 색상으로 부호화하기에 이르렀다.

깃발 색상을 도구로 사용하는 풍습은 깃발이 문화의 일부분으로 정착된 중세에 들어서서 더욱 널리 확산되었다. 중세 문장학(문장의 기원, 구성, 구도, 색채의 상징 등을 연구하여 중세 사회 문화사를 해명하는 학문)에서 색상의 역할은 전쟁터에서 적군을 구분하기 위한 것이었다. 실제로 전쟁터는 연기와 진흙, 안개로 가득 차 있기 때문에 가장 대담하고 단순한 디자인 외에는 모든 사물이 흐릿해서 구분되지 않는 경향이 있었다. 따라서 이 같은 명료성을 확보하기 위해 오직 7개의 팅크제만 사용되었는데, 여기에는 '색상'으로 알려진 빨강, 녹색, 파랑, 자주, 검정과 '금속'으로 알려진 노랑/금색, 흰색/은색이 포함되었다. 이렇듯 단순한 색상 팔레트는 다른 색과 절대 혼동할 수 없는 분명하고도 다양한 색상을 제공함으로써 모두를 이롭게 했는데, 여기서는 전사하지 않았다는 것을 의미한다.
　그 후 수년간 학술계가 문장학에 사용된 색상에 온갖 종류의 의미를 부여했지만 그 누구도 그 의미나 실제로 그것이 무엇을 의미하는 것인지 알 수 없었다. 숨겨진 의미는 차치하더라도 이러한 깃발의 주된 용도는 사람들에게 사실을 주지시키는 것이었다. 물론 깃발의 아름다움을 볼 때 깃발 제작자가 예술적 기교도 염두에 두었다는 것 역시 명확하긴 하지만 말이다.

이때부터 깃발은 국가, 스포츠 팀, 종교, 정치적 배경을 나타내는 데 사용되었다. 일부는 축구장, 배, 철도와 같은 정보를 담았으며 또 일부는 국가나 정치 운동처럼 통합시키는 용도로 사용되었다.

두 번째 피부색 중세에는 무언가를 정의하고 구분하는 데 깃발 이외에도 의복 역시 한 몫을 담당했다. 옷을 염색하는 데는 엄청난 비용이 들었으며, 비싼 색일수록 당연히 상류층으로 제한되었다. 그럼에도 일부 상류층은 이러한 특권만으로 만족하지 않았다. 로마와 중국의 황제, 아프리카의 귀족들은 누가 어떤 옷을 입는지에 대해 규정해왔다. 하지만 정작 개인의 소비와 관련된 사치 금지법을 마련한 것은 중세 유럽인들이었다. 이 법에서는 누가 어떤 색의 얼마짜리 옷을 어디에서 입어야 하는지 정의했다. 색상과 패션에 대한 법률은 반역, 살인 또는 기타 중대 범죄와 동일하게 취급되었다.

옷의 색상은 계급뿐 아니라 직업을 규정하는 데도 사용되었다. 당신이 특정 성직자 일원이라면 당신의 의복 색깔이 교회에서 당신의 위치가 어떠한지 말해주었다. 군대 역시 마찬가지였는데, 군복의 색으로 현재 복무 중인 부서와 계급을 알 수 있었다. 추기경의 새빨간 예복이나 선원의 짙은 감색 유니폼은 다른 사람들이 마주쳤을 때 이들에게 어떻게 인사하고 대해야 하는지 알려주는 역할을 담당했다. 옷은 우리가 누구인지를 나타내는 중요한 지표로 활용된다.

군복 색깔은 전체 색조에서부터 색깔이 지정된 세부 사항에 이르기까지 복무 중인 군 부서를 포함하여 계급까지 다양한 사항을 구별해서 나타낸다.

브랜드를 나타내는 데 색깔만큼 훌륭한 도구는 없을 것이다. 로고의 색상이 의존성, 즐거움, 환경 친화 등 어떤 특정 심리 상태를 나타내는지는 인터넷에서 주장하는 것들과 달리 아직 과학적으로 입증된 바 없다. 하지만 색상으로 브랜드를 구분할 수 있다는 것은 분명하다. 따라서 많은 브랜드가 그토록 많은 돈을 쏟아부어 가며 자신에게 맞는 완벽한 색조를 찾아내려 노력하는 것이다.

색상 브랜드 근처 마켓에서 음료수를 구입하려 할 때 대부분은 음료 이름을 확인하지 않고도 원하는 것을 찾아낼 수 있을 것이다. 그렇다면 브랜드에서 색은 얼마나 중요할까? 코카콜라나 티파니, UPS^United Parcel Service에 문의해보라. 이 회사들은 자신만의 것이라고 생각하는 상표와 색상을 정하고 이를 보호하기 위해 엄청난 돈을 사용하고 있다. 이러한 회사들에게 색상은 곧 그들의 브랜드인 셈이다.

다른 모든 색상 코드와 마찬가지로 제품과 로고에 사용된 색 역시 일부는 정보 제공, 일부는 미학을 위한 것이다. 순전히 정보 제공 측면으로만 보면 음료수의 색상이 곧 그 음료수에 포함된 맛이 될 수 있다. 즉, 레몬은 노란색, 오렌지는 주황색, 체리는 빨간색으로 말이다. 또는 노랑은 소형, 오렌지는 중형, 빨강은 대형 식으로 용기의 크기를 나타내는 것

서인도 트리니다드 섬 포트오프스페인의 축제, 악단의 가두 행진

페루 올란타이탐보 축제의 성령강림대축일

중국 산시성의 버드나무 춤, 당나라 퍼포먼스

통가 통가타푸 섬의 헤일라라 축제

대한민국 서울 덕수궁의 수문장 교대의식

특정 색상에 대한 사회적 규정은
축제와 가두 행진에서
극명하게 드러난다.

과테말라 안티과 섬의 사순절

민족의 대 궁정 행렬, 나이지리아 카두나

고로카 산악 지대에서 쇼를 벌이는 진흙 인간, 파푸아뉴기니

야 봄 축제, 스페인

왕궁 수문장 교대식, 스웨덴 스톡홀름 감라스탄

축제, 인도 우타르프라데시 마투라

아리랑 축제, 평양

일 수 있다. 또한 색상은 보다 일반적인 정보를 전달하는 데 사용될 수 있다. 허쉬Hershey의 갈색 포장지는 안에 초콜릿이 들어 있다는 것을, 존 디어John Deere 로고는 씨를 뿌리는 푸른 목장을 상징한다. 미학적인 측면으로 볼 때 색상은 잠재 고객의 관심을 끌고 이러한 고객에게 브랜드에 해당하는 연관성을 부여한다.

그렇다면 휴대폰 회사의 색상은 어떻게 선택할 것인가? 전국적인 소매업체의 색은? 새로운 스포츠 팀은? 여성 의류업체에서는 가을 시즌에 대비해 어떤 색상을 선택할까? 그리고 도대체 왜 그것이 중요할까? 그냥 아무 색이나 선택해도 상관없지 않을까?

과거 일부 영향력 있는 사람들이 색상을 결정하면 소비자들은 마치 양처럼 그들을 따랐다는 사실을 확인할 수 있다. 잘못된 색상은 곧 대차대조표상의 적자를 의미하지만 올바른 색조를 선택했다면 흑자로 돌아설 것이다. 실제로 프라다의 신상 핸드백부터 M&Ms의 백에 이르기까지 모

두 나름의 색상 팔레트를 보유하고 있다. 이렇듯 명품 패션이 항상 자체적으로 팔레트를 생성해온 반면 수많은 업계가 20세기의 산물인 색상 예측가들에게 의존하고 있다. 색상 예측가란 제품이 시장에 출시되기 전, 다음번에 유행할 색상을 미리 추측해내는 개인 혹은 집단이다. 색상 예측가들이 제시하는 색상은 분홍색 꽃에 나비가 꼬이듯 수많은 집단의 반응을 이끌어내는 색으로, 자연이 음식을 찾고 배우자를 찾고 생존하기 위해 우리 앞에 제시한 놀라운 지도를 연상시킨다. 비록 현대 생활에서는 이것이 적합한 음료수를 찾고, 지나치게 황당한 방식으로 옷을 입지 않는 남편이나 아내를 고르고, 원하는 색상이 다 팔리기 전에 주차장에 남은 단 한 대의 색상을 사도록 촉구하는 자동차 판매원의 유혹을 뿌리치는 데 사용되지만 말이다. 그럼에도 여전히 색상은 우리에게 정보를 제시하고 우리는 그것에서 실마리를 얻는다.

몇 대에 걸쳐 내려온 팔레트

역사적인 측면에서 색상 팔레트를 바라보면 특정 문화에 대한 코드를 발견할 수 있다. 색상 팔레트는 장소의 본질과 거기에 거주하는 사람들, 그리고 그들이 보유한 가치에 대해 말해준다.

그리스 로마, 폼페이

이 팔레트는 이탈리아 폼페이에 있는 까사 델레 수노나르더시Casa delle Suonatrici의 벽화 조각에서 가져온 것이다. 마르쿠스 루크레티우스의 집House of Marcus Lucretius, 69~79년

멕시코

스페인 사람들이 멕시코의 향토 예술을 대량 말살시켰음에도 인디언의 팔레트는 살아남았다. 그들의 풍부하고 복잡한 색조는 계속해서 살아 있다.

인도인의 조명

이 팔레트는 자한기르Jahangir의 무가Mugha 시대(1605~1627년)에 라즈나마Razmnamah의 〈고바르단 산을 오르는 크리슈나The Illumination of Krishna Lifts the Mount Govardhan〉에서 영감을 받아 우리가 흔히 인도 문화와 연결시키는 밝은 보석 색조와 결합되었다. 즉, 사리에 사용되는 비단이나 홀리 축제에 사용되는 색채 파우더 등이다.

스웨덴의 뿌리

스웨덴의 전원적 뿌리는 자연적이고 깔끔한 팔레트를 선보인다. 균형과 냉정이 스웨덴 풍경을 형성하는 색상과 어우러져 실용성과 우아함으로 알려진 북유럽 사람들을 상기시킨다.

빅토리아 시대의 영국

빅토리아 여왕의 유머 감각이나 밝은 색상에 대한 감각은 잘 알려져 있지 않다. 그녀와 그녀의 왕국은 보다 부드러운 색조를 선호했다. 하지만 빅토리아 시대에 연보라색이 처음 등장하여 팔레트에 오르게 되었다.

미국의 샘플러

18세기와 19세기에 아이들은 대부분 미국의 샘플러에서 색상을 선택했다. 이렇듯 행복하고 실용적인 색조는 당시의 전반적인 미국인 정신을 대변하는 듯하다.

주스 팩의 뚜껑부터 요구르트 통의 라벨까지
색상 코드는 비록 언어를 알지 못하더라도
내용물을 짐작할 수 있게 도와준다.

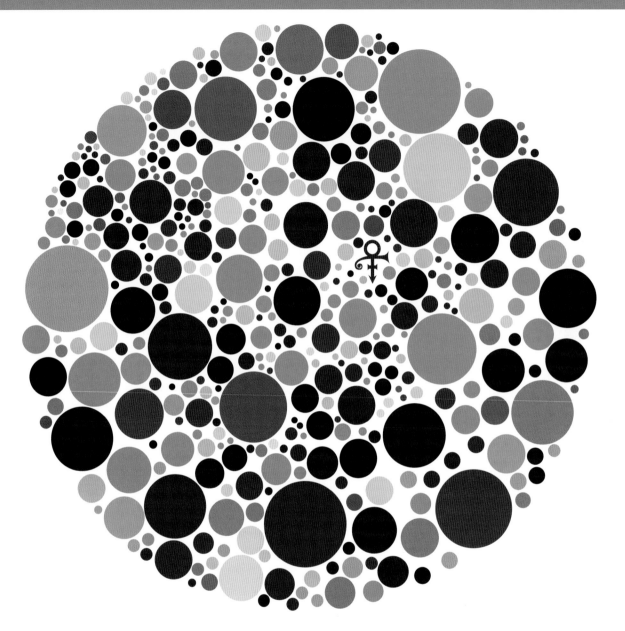

누구는 자주색, 누구는 보라색, 일상생활에서 자주색과 보라색은 흔히 혼용된다. 하지만 엄밀한 색상의 세계에서 자주색과 보라색은 하나가 될 수 없으며 서로 같지도 않다.

자주색은 청색광과 적색광의 혼합물이 아니다. 그것은 보라색으로, 가시광선 형식의 파장에 해당하는 스펙트럼 색이자 인간에게 초단파로 표시된다. 이 색은 스펙트럼에서 가장 긴 파장을 자랑하는 빨간색 가시 스펙트럼의 반대쪽 끝에 위치한다.

이 복잡한 개념은 비유를 통해 가장 잘 설명된다. 타운하우스 여섯 채가 연결되어 있는 도시의 한 구획을 상상해보라. 타운하우스 1과 2가 벽을 맞대고 있고, 2와 3, 3과 4가 서로 벽을 맞대고 있다. 다른 타운하우스들은 모두 연결되어 있지만 1번과 6번은 서로 연결되어 있지 않다. 마찬가지로 가시 스펙트럼의 한쪽 끝에 있는 빨간색은 다른 쪽 끝에 있는 보라색과 연결되어 있지 않다.

이는 빛이 프리즘을 투과하여 표면에 비치도록 함으로써 표시할 수 있다. 그러면 빨강-주황, 주황-노랑, 노랑-초록, 초록-파랑, 파랑-보라 색조가 표면 위로 반사된다. 색상환과 달리 빨강-보라는 가시광선 형태로 나타나지 않는다. 빨강은 스펙트럼의 한쪽 끝에 있고 보라색은 반대쪽 끝에 있기 때문이다. 서로 이웃하지 않는 한 이 두 색은 섞일 수 없다.

다양하고 아름다운 여러 종의 고둥들

티리언 퍼플 색 만들기　고대 그리스인들은 페니키아의 신 멜카르트 Melqart가 아름다운 티리언 퍼플(고대의 자줏빛 또는 진홍색의 고귀한 염료) 염료를 제공한다고 믿었다. 신화의 내용은 이렇다. 멜카르트는 자신의 강아지가 바닷가에서 조개를 핥고 있는 것을 보았다. 놀라서 보니 강아지의 입이 자줏빛으로 변해있었다. 멜카르트의 정령 타이러스Tyrus는 그 아름다운 색을 보더니 멜카르트에게 그처럼 아름다운 것을 달라고 요구했다. 이에 멜카르트는 조개를 모아 염료로 만든 다음 이것으로 비단을 염색하여 타이러스에게 건네주었다. 이 님프의 이름 또는 그녀가 살던 페니키아의 항구 도시 티레Tyre(현재 레바논의 일부)의 이름을 딴 티리언 퍼플 신화는 기원전 1600년부터 문서에 언급되었다. 오른쪽에는 고대에 이 염료의 제조법이 어떠했을지 나와 있다.

　하지만 안타깝게도 이 제조법을 사용하면 천 개의 조개로 겨우 망토 하나를 염색할 수 있을 뿐이다. 28그램의 티리언 퍼플 염료를 만들려면 대략 25만 개의 조개가 필요하다. 이 복잡하고 시간이 오래 걸리는데다 엄청나게 비싸기까지 한 사치 염료는 말할 것도 없이 귀족들을 위해 사용되었다. 일명 '로열 퍼플'로 불리면서.

티리언 퍼플

재료
1,000개의 조개
물
나뭇재
염색용 흰색 천

만드는 방법
먼저 난로를 데운다.

조개를 하나씩 망치로 두드려 아가미아랫샘을 연다. (여기에는 멋들어진 색으로 염색할 수 있도록 도와주는 귀한 점액이 들어 있다.)
이때 점액이 공기 중에 드러나도록 껍질을 세게 두드려야 한다.
그러면 점액이 산화되어 염색용으로 사용할 수 있도록 준비된다.

큰 냄비에 색소를 집어넣는다.

물과 나뭇재를 넣는다. 나뭇재는 알칼리성이다.
빛이 들어가지 않도록 냄비를 잘 덮는다. 빛이 들어가면
염료가 망가진다. (빛이 들어가면 붉은색은 모두 없어지고 파랗게 변한다.)

난로에 올려놓고 혼합물을 10일간 발효시킨다.

뚜껑을 제거하고 염색할 천을 넣는다.

그러면 천이 흰색에서 녹색으로 변한 후
마침내 멋들어진 보라색으로 변하는 것을 볼 수 있다.

티리언 퍼플 염료는 다양한 '자줏빛' 색조를 띤다.
위 그림에서처럼 아주 밝은 청색이 만들어질 수도 있다.

페니키아인들은 이 염료의 가치를 깨닫고 수세기 동안 그 기원과 제조법을 비밀로 전수해왔다. 그러다 60년 고대 로마 작가 플리니우스Pliny the Elder(23~79년)가 자신의 책 『자연사Natural History』에 그 출처와 방법을 기록했다. 이렇듯 비밀이 새자 로마 왕국은 매우 불쾌해했다. 결국 1세기에 네로 황제는 오로지 자신만 티리언 퍼플을 입을 수 있는 법령을 발표하기에 이른다. 만약 법을 어기고 자주색 옷을 입었다면, 결과는 사형이다.

자주색 통치

네로의 치세 이후에는 법이 느슨해졌지만 자주색 옷을 입을 수 있는 사람의 수가 계급에 따라 여전히 제한되었다. 전쟁에서 승리한 장군들은 자랑스럽게 자주색과 금색 가운을 입었다. 원로들은 넓은 자주색 줄무늬가 있는 튜닉(고대 그리스나 로마인들이 입던, 소매가 없고 무릎까지 내려오는 헐렁한 웃옷)을 걸쳤다. 기사와 기타 권위자들의 옷에는 좀 더 얇은 자주색 줄무늬가 있었다. 역사상 자주색 옷을 입은 위대한 사람들 중에는 이집트의 파라오와 유럽의 귀족 그리고 알렉산더 대왕이 있다.

그 후 1453년에는 매우 불행한 사건이 일어났다. 동로마제국의 수도인 콘스탄티노플이 터키에 함락된 것이다. 로마의 멸망과 함께 티리언 퍼플 제조법도 사라졌다. 지침이 다시 발견된 것은 그로부터 2세기가 지난 후였다. 그러자 왕과 여왕들이 다시 자주색 망토를 두르기 시작했다.

미사여구의 예술 귀족과 자주색 간의 연계는 매우 강력해서 심지어 '자주색'이라는 단어 자체가 귀족적임, 부유함, 심지어 '화려한 산문purple

prose' 등의 표현에 사용된 과장법 등 관련된 모든 것들을 지칭하는 용어가 되기도 했다. 고대 로마의 시인 호러스Horace는 기원전 18세기에 '퍼플 로즈Purple Rose'라는 용어를 만들었는데, 당시 그가 만든 정의가 오늘날까지도 그대로 살아남아 있다. 이는 지나치게 과장한 글을 말하며, 단순한 말로 소통할 수 있을 때조차 화려한 미사여구가 사용되었다.

오늘날 화려한 미사여구가 가득한 산문은 로맨스 소설이나 타블로이드 신문에 넘쳐난다. 하지만 과거에 이렇듯 다양한 의미로 사용되던 형용사 자주색은 이제 단어장에서 자취를 감추었다. 자주색이 대중에게 공개되면서 엘리트나 호화로운 생활 등과의 모든 연관성이 고대의 유물이 되어버린 것도 한 몫을 차지한다.

겐티아나 바이올렛 겐티아나 바이올렛Gentian violet(아닐린 염료의 일종으로 현미경의 검경을 위한 조직 염색제 및 살균용으로 사용됨)은 아구창(아구창균에 의하여 발생하는 질환)에서 무좀, 찰과상에서 소화불량에 이르기까지 다양한 병을 치료한다. 일종의 착색제로 사용되어 세포가 뚜렷하게 드러나도록 하거나 마법처럼 지문을 표시하거나 물질의 산성 농도 균형을 나타내기도 한다. 혀에 피어싱을 하기로 결정했다면 이 다면적인 성질을 가진 자연의 선물로 원하는 위치를 표시할 수 있다. 그러면 정확히 원하는 위치에 피어싱을 할 수 있다.

겐티아나 바이올렛(결정체 형태로 일명 크리스털 바이올렛)은 밝은 녹색

여기서 겐티아나 바이올렛은 소아마비의 병원체인 폴리오바이러스에 감염된 세포를 염색하는 데 사용된다.

잎과 노란색 다발 꽃을 가진 겐티아나 루테아Gentiana lutea라는 식물에서 유래되었다. 보라색이 워낙 강렬해서 이 색이 향기로운 노란색 식물의 뿌리에서 왔다는 사실을 믿기 어려울지 모르겠다. 하지만 사실이다. 이 식물의 뿌리는 약용 또는 염료로 사용되는 퍼플 블루(남색)를 제공한다.

퍼킨의 오리지널 연보라색 염료

연보라색의 연금술 1856년에 영국의 화학자 윌리엄 퍼킨William Perkin은 세상을 영원히 바꿔놓을 법한 실수를 하고 만다. 로열 아카데미를 다니던 십대에 그는 합성 퀴닌(남미산 기니나무 껍질에서 얻는 약물)을 만들었는데, 이 물질은 토닉 워터에 항말라리아 성분과 쓴맛을 첨가한 것이었다. 결국 실험은 엉망이 되어버리고 그가 얻은 것은 자줏빛, 분홍빛, 갈색빛을 띤 쓰레기뿐이었다.

하지만 퍼킨은 포기하지 않고 다시 시도했으며 이번에는 아닐린이라는 유기 화합물을 사용했다. 산화가 일어나자 아닐린이 검은색 덩어리로 변했는데, 이 덩어리를 용해시키자 용액이 자줏빛 색조를 띠었다. 퍼킨은 호기심이 발동하여 거기에 옷 조각을 집어 넣어보았다. 놀랍게도 색이 물들었을 뿐 아니라 장기간 유지되기까지 했다.

값비싸면서도 쉽게 바래는 천연염료에 의존하던 세계에서 퍼킨은 자신이 뭔가 해냈다는 사실을 깨달았다. 그는 이 새로운 염료를 대량으로 싸게 생산하는 프로젝트에 착수했다. 오래 지나지 않아 유럽 전체의 화학자들이 온갖 종류의 새로운 염료에 아닐린을 사용하기 시작했다. 물론 사랑스러운 자홍색도 마찬가지였다. 그 후 수십 년 만에 대략 2천 개의

퍼킨의 연보라색 염료로 염색한 드레스

합성염료가 만들어졌으며 이들이 수세기 동안 상대적으로 값비싸고 제조가 어려웠던 천연염료를 대체하기 시작했다.

연보라색은 최초로 대량 생산된 합성염료로, 그 인기는 엄청났다. 빅토리아 여왕은 딸의 결혼식에 튀지는 않지만 인상적인 연보라색 옷을 입었다. 유명한 영국의 유머 잡지인 「펀치Punch」에서는 이 같은 연보라색의 인기를 런던을 강타한 '연보라색 홍역'이라고 진단하기도 했다. 궁정과 귀족으로 한정되던 이전의 색 열풍과 달리 이번에는 모든 대중이 참여할 수 있었다.

이 합성염료의 발견만으로도 젊은 퍼킨에게는 충분한 성과였지만 그 다음 번 염료는 더 엄청난 반향을 불러일으켰다. 바로 합성 알리자린 빨강alizarin red이었다. 또한 그는 인조 향기를 만드는 방법을 발견했는데, 이는 현대 향수 산업을 이끄는 계기가 되었다. 하지만 그의 작업은 그저 개인적인 성공에 그치지 않고 훨씬 더 큰 성과를 이끌어냈다. 새로운 연금

술이 현대 화학의 근간을 형성하게 된 것이다. 퍼킨의 연보라색 염료와 그로 인한 경제적인 성공을 통해 화학도 수익을 낼 수 있다는 것이 입증되었으며, 그를 추종하던 과학자들은 노보카인(치과용 국소마취제), 인슐린, 화학 요법 등 현대 의학에 대변혁을 가져온 수많은 의약품을 개발할 수 있었다. 하지만 안타깝게도 다른 많은 과학적 발견과 마찬가지로 과학자들이 항상 좋은 용도로 응용하진 않았다. 실제로 폭발물, 화학전, 생명을 위협하는 농약이나 살충제도 이 연보라색에 바탕을 두고 있으니 말이다. 이러한 새 발명품들은 제2차 세계대전이 시작되자 나치의 손에 넘어갔다. 이때쯤 독일은 화학산업을 주도했는데, 그들이 보유한 과학 기술력을 여성의 옷 색깔을 돋보이게 하거나 향수를 개발하는 데 사용하는 대신 인공 화합물을 통해 살육을 감행하는 데 이용했다.

다행히 퍼킨은 자신이 뿌린 씨가 나치의 사악한 손에서 어떻게 재배되었는지 볼 수 있을 만큼 오래 살진 못했다.

자외선 효과 자외선이 실제로 보라색 형식을 띠는 것은 아니며 그 파장은 보라색과 X선 사이의 어디쯤에 놓여있다. 비록 많은 새와 곤충들 눈에 보이는 것처럼 인간의 눈에는 보이진 않지만 자외선은 우리의 삶에 중요한 역할을 수행한다.

우리를 비추는 햇빛에는 자외선이 들어 있는데, 이러한 자외선이 우리 몸에 흡수되어 DNA를 파괴한다. 특히 피부색이 연한 사람들의 경우 자외선에 민감하여 피부암이 발생할 수도 있다. 아프리카와 같이 태양이 풍부한 국가에 사는 사람들은 진화를 통해 멜라닌 색소를 발달시켜왔으며, 이때 멜라닌은 자외선을 오히려 무해한 열로 바꿔놓는다. 피부색과 무관하게 사람들은 자외선 노출에 대비하여 선탠을 개발했는데, 이 방법은 일시적으로 멜라닌 색소를 증가시켜 태양 광선이 피부 세포에 초래한 피해를 완화시킨다.

하지만 자외선은 1차원이 아니다. 비타민 D의 생성을 도와 건강상의 이점을 제공하는데, 비타민 D는 인간의 뼈와 면역체계를 강화하고 장수

타이의 한 바닷가에 있노라면 자외선 보디 페인팅을 제공한다는 업체와 마주치게 될 것이다. 용, 나비, 세븐일레븐 로고까지 달빛 아래서도 환하게 빛날 것이다.

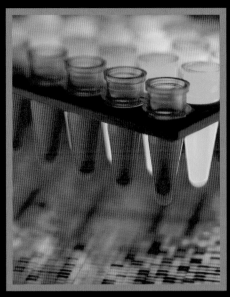

자외선은 파티의 흥을 돋워줄 뿐 아니라 유전학 연구에도 도움이 된다. 이 유리병들은 DNA를 감지하는 형광 염료들로 가득 차 있다.

할 수 있도록 도와준다.

그 외에도 자외선이 주는 또 다른 혜택이 있다. 특별히 적외선이나 자외선과 같은 불가시광선에서 발견되는 유용한 혜택으로 자외선과 소량의 자주색 가시광선을 방출하는 것이다. 1970년대를 회상해보면 평범한 백열등이나 형광등을 모두 끈 채 불가시광선에 노출되었을 때만 근사하게 빛나는 포스터가 유독 많았던 것을 기억할 것이다. 클럽이나 콘서트에 가서 손에 '보이지 않는' 잉크 스탬프를 받아 본 사람이라면 이런 불빛에 대해 잘 알고 있을 것이다. 경비원이 불가시광선을 밝히면 갑자기 스탬프가 나타난다. 이러한 불가시광선은 낮에도 이용되었다. 광선을 이와 비슷한 방식으로 응용하면 다양한 질병을 알아낼 수도 있다. 여기에는 백선(전염성 피부염), 옴, 탈모증을 비롯하여 여러 피부 질환이 포함된다.

과학 수사 부문에서는 일종의 스타라고 할 수 있다. 예술품 감정자는 불가시광선을 활용하여 작품이 그 시대 그 작가의 것이 맞는지, 아니면 모조품인지 여부를 식별한다. 지폐를 감별할 때도 사용된다. 100달러짜리 지폐에 광선을 비추면 위조지폐를 찾아낼 수 있다. 범죄 현장에서는 피를 감지하는 데 사용된다. 집안 전체에서 소변을 감지하는 데도 이용될 수 있다.

자수정 기둥 석영은 다양한 색상을 지닌다. 자수정은 그중에서 가장 아름다운 색으로 평가되고 있다. 이 육면의 기둥 모양 결정체는 유리체—보석학자들이 유리처럼 빛을 반사하는 돌을 설명할 때 사용하는 단어—이며, 저지대에 있는 소규모 빌딩들이 고층빌딩에 가려지는 도시 경관을 연상시키는 구조다.

자수정의 색상은 포함되어 있는 이온 불순물의 양과 구조에 따라 결정된다. '자주색'이 좀 더 강렬하거나 좀 덜 강렬할 수 있으며 불순물이 어떻게 분포되어 있는지에 따라 녹색 빛을 띨 수도 있다. 이를 황수정(黃水晶)이라 한다. 놀랍게도 자수정에 열을 가해 충분히 높은 온도가 되면 포함된 불순물이 재구성되어 녹색이 다시 자주색으로 바뀐다. 오늘날 이러한 가열 기법은 희미한 자수정의 색을 진하게 하여 그 가치를 높이는 데 사용된다.

자수정이라는 이름은 '술 취하지 않음'을 의미하는 고대 그리스어, 'Amethustos(아메두스토스)'에서 유래되었다. 그리스 신화에서 술의 신 디오니소스는 자신을 모욕한 인간의 만용에 분개하여 다음번에 자신의 길을 막는 인간이 누구든 복수하겠다고 선언했다. 어느 날 애미시스트라는 한 순진한 소녀가 달의 여신 다이애나에게 제사를 드리러 가는 길에 디오니소스의 길로 잘못 들어서게 되었다. 다이애나는 상황을 파악하고는 디오니소스가 사람을 죽이기 위해 숨겨둔 호랑이로부터 그녀를 구하기 위해 재빨리 애미시스트를 아름다운 자주색 석영의 동상으로 바꾸었다. 디오니소스는 애미시스트의 아름다움을 본 후 자신의 잘못된 행동을 후회하면서 술을 마시고 눈물을 흘렸다. 수세기 동안 자수정은 그리스인들에게 가장 놀라운 자연의 창조물 중 하나로 사랑을 받았다.

이 신화적인 보석은 다른 문화나 종교에서도 귀하게 여겨졌다. 자수정은 고대 이스라엘의 제사장들이 입었고 자수정 구슬을 소중히 여긴 앵글로 색슨족과 함께 매장되었으며 캐서린 대제에 의해 보석 중의 보석으로 자리매김했다. 그리스인들은 자수정으로 만든 잔에 와인을 마시면 절대 취하지 않는다고 믿었다. 중세 유럽인들은 자수정이 전쟁에서 자신들을 보호하며 차분하고 냉정하며 침착하게 만들어준다고 생각했다. 뉴에이지 철학에서는 이 보석이 마음을 열고 의식을 전환해준다고 주장한다.

하지만 한때 다이아몬드, 루비, 에메랄드와 동급인 귀중한 보석으로 취급되던 이 아름다운 광물은 몰락의 기로에 서게 되는데, 19세기 남아메리카 지역에서 엄청난 매장량이 발견되면서 자수정은 준보석으로 강등되었다.

한때 다이아몬드와 같이 귀중하게 여겨지던 자수정은
현재 풍부하고 채굴이 용이한 보석이 되었다.
여전히 아름답지만 준보석으로 인식될 뿐이다.

사순절이 자줏빛인 이유

예수에게 자색 옷을 입히고 가시관을 엮어 씌우고

— 마가복음 15:17(개역개정판)

많은 가톨릭교회에서는 사순절 동안 제단에 자주색 천을 드리운다. 하지만 성경에서 자주색은 종종 부자나 사치하는 자와 연관되어 있다. 그러니 이 절기를 지키는 자들에게 금식하고 사치를 금하도록 요구하는 사순절을 자주색으로 나타내다니 그 의미의 전환이 흥미롭다.

학자들은 이 수수께끼에 대해 다양한 해석을 내놓았는데, 그중에는 자주색이 애도하는 것이나 힘든 것과 연관되어 있다는 설도 있다. 자주색의 귀족적인 의미를 감안하면 또 다른 해석이 매우 설득력 있게 다가온다. 성경에서 본디오 빌라도와 그의 신하들은 예수를 십자가형에 처하기 전에 자색 옷을 입혔다. 이들은 귀한 자주색 옷을 입히고는 하나님의 아들이라고 주장하는 예수가 실제로는 다윗의 후손 자리에조차 근접할 수 없도록 얼마나 멀리 떨어져 있는지 비웃고 조롱하며 결국 그를 메시아 자리에서 끌어내렸다. 하지만 이 충격적인 역사적 사실에서 한때 어두운 상징으로 사용되던 의미를 되돌리려는 종교와 소수 민족, 국가들의 전통

사순절의 시작을 알리는 재의 수요일에 교황 요한 바오로 2세

퍼플 하트 훈장

에 따라 크리스천 교회들은 오히려 자주색을 더 많이 사용한다.

퍼플 하트 퍼플 하트는 1782년 조지 워싱턴 장군이 계급에 관계없이 미국 군인 중 사병이나 육군 하사관들에게 수여한 최초의 명예 훈장이다. 그 당시까지만 해도 훈장은 고급 장교의 전유물이었는데 워싱턴은 '모범이 되는 매우 칭찬할 만한 행동'을 한 군인들을 위해 이 훈장을 만들었다. 그는 이 메달을 '자주색 천 또는 실크 가장자리에 좁은 레이스나 바인딩이 있는 하트 모양'으로 설계했는데, 최초의 퍼플 하트는 마치 좋은 천 조각처럼 보였다.

1932년에는 이 상을 수여하는 자격에 새로운 기준이 도입되었다. 바로 적에 의해 부상을 당한 군인이어야 한다는 것이었다. 이러한 자격은 해군, 해병, 해상 경비대를 포함하여 마침내 케네디 대통령의 명령에 따라 '전체 미국 시민'까지 확대되었다.

퍼플 하트 훈장은 금속과 청동으로 만들어졌는데, 정확히는 자주색 에나멜이 입혀진 조지 워싱턴의 두상이 새겨져 있고 보라색 리본이 달려 있다. 왜 자주색일까? 관련된 역사적 기록은 찾아볼 수 없다. 다만 이 색이 가지는 고귀함과 장엄함, 숭고함이 용감하고 명예롭게 행동한 사람들을 기리기 위한 국가의 선택이었으리라 짐작된다.

조지 워싱턴George Washington이 만든 최초의 퍼플 하트

이 책을 마치며

색의 미래 예술과 예술가의 역사, 그리고 그들과 색의 관계는 이 책 전반에 걸쳐 나타난다. 색과 특별히 밀접한 관계를 가진 사람들이 있다면 바로 예술가들이다. 그들은 역사 전반에 걸쳐 색을 적극적으로 활용했을 뿐 아니라 직접 색을 제조하기도 했다. 맨 앞에서 언급한 대로, 예술가들은 새로운 색소를 창조한 화학자들이었으며 그러한 색소를 통해 작품 전반에서 이 세상을 반영하고 재창조했다.

우리가 알기로 예술 초기에는 팔레트에 암회색, 붉은 황토색, 황토색 정도밖에 없었다. 하지만 이후 고대 그리스와 이집트, 중국, 인도의 팔레트, 그리고 르네상스 시대 색의 개화기, 19세기 급격한 색의 증가에 이르기까지 색의 팔레트가 확장되어감에 따라 예술가들은 이러한 색을 사용하여 최선을 다해 이 세상을 묘사했다.

우리는 예술과 디자인 분야에서 색을 사용해오면서 이 책을 쓰게 되었다. 우리가 그 분야에 대해 이 책 전체는 차치하고라도 한 장 전체조차 할애하지 않는 것이 이상하게 보일 것이다. 하지만 『컬러, 그 비밀스러운 언어』를 쓰면서 깨달은 것은 대부분의 사람들이 색을 말할 때 가장 먼저 언급하는 것이 예술이라는 것이다. 이 주제에 대해서는 이미 많은 책들이 저술되었고 그저 미술관을 돌아보는 것만으로도 충분한 교육이 되리라 생각한다. 하지만 색의 과학, 자연, 역사, 문화, 그리고 아름다움에 대해서는 분명하지 않다. 대부분의 예술가들이 색이 어떻게 발현되고 또 왜 발현되는지에 대해 알지 못한다. 색 과학은 과학자들의 영역으로 이에 대해서는 그리 많은 이야기가 오가지 않았다.

우리는 또한 예술을 또 다른 유형의 지도로 보기 시작했다. 이 지도는 자연이 인간에게 제공한 지도나 우리가 스스로 만들어낸 것과 그다지 다르지 않다. 라스코 동굴의 벽화를 생각해보라. 이 벽화에는 선사시대의

신사실주의자 이브 클라인Yves Klein은 한 가지 색으로만 그림을 그려 세상을 놀라게 했다. 더구나 이 단색 그림을 구성한 색소는 화학자였던 클라인 자신이 직접 만든 것이었다.

동물 그림과 함께 별의 지도가 그려져 있다. 예술과 지도는 동일한 공간을 차지하며 동일한 메시지를 전달한다. 고대 이집트의 상형 문자는 어떠한가. 예술과 정보가 완벽하게 연계되어 있지 않은가. 중국의 서예에서는 글자에 포함된 정보가 그대로 예술이 되었다.

결국 예술 제작과 지도 제작이 서로 다른 분야로 갈라졌지만, 세계를 이해하고 이를 설계하려는 갈망은 계속해서 예술의 근간을 형성하고 있다. 색은 여전히 이러한 갈망을 표현하는 탁월한 도구다. 덧붙이자면 이제 컴퓨터를 사용하거나 약간의 돈을 가지고 미술용품점에 갈 수 있는 사람이라면 누구나 이 도구를 이용할 수 있다.

오늘날에는 색을 어떻게, 그리고 왜 보는지 알게 되면서 예술과 과학이 다시 한번 융합되었다. 이 책을 통해 이 두 분야의 차이가 조금이라도 좁혀졌길 바란다. 예술가들은 과학을, 과학자들은 예술을 이해하게 되었길 바란다. 이 책을 통해 예술에 대한 사랑, 자연에 대한 사랑, 파란색에 대한 사랑, 그 무엇을 얻었든지 간에 색에 대한 지평이 넓어졌길 바란다. 여기서 우리는 색이 포괄하는 수많은 것들 중에서 엄선한 항목들을 집중적으로 조명했다. 이 책에서는 전자기 방사선의 좁은 밴드가 우리가 서로 어떤 방식으로 의사소통하는지, 그리고 인간이 동물, 식물, 지구, 그리고 우주와 얼마나 많은 것을 공유하는지 등에 대해 알아보았다. 여러분이 이 놀랍도록 풍부하면서 한편으로는 터무니없이 제한된 인간의 시력으로 우리가 얼마나 좋게 또는 나쁘게 세상에 색을 입혀왔는지 알게 되길 바란다. 폴 세잔은 이렇게 말했다. "색은 우리의 뇌가 우주와 만나는 지점이다."

감사의 말

이 책을 쓰는 것은 그야말로 멋진 경험이었다. 우리가 예상했던 것보다 훨씬 더 일이 많았고 시간이 더 오래 걸렸지만 이를 위해 우리가 인터뷰하고 함께 작업했던 사람들의 너그러움을 경험하는 것은 멋진 일이었다. 우리가 감사를 전해야 할 사람이 많은 것도 바로 그 이유다.

우선 이 책과 우리를 대신해서 너무도 많은 시간을 할애하여 시간을 관리해준 사람에게, 우리가 여기까지 올 수 있도록 인도해준 사람에게, 우리를 지원해주고, 옹호해주고, 기운을 북돋우어준 사람에게 감사를 전하고 싶다. 그녀의 상식, 꼼꼼함, 뛰어난 두뇌가 없었다면 이 책이 이토록 멋지게 만들어지지 않았을 것이다. 그녀는 바로 기막히게 멋진 우리의 편집자 Becky Koh이다. 출판인 J. P. Leventhal은 정작 우리가 보지 못했던 이 책의 잠재력을 발견하고 Becky와 팀을 이루어 작업할 수 있도록 도와주었다. 그의 비전과 경험은 이 책의 내용뿐 아니라 그 아름다움에서도 중요하게 작용했다. Savannah Ashour, 넘치는 재능과 커다란 웃음소리가 인상적인 우리의 라인 편집자는 이 책에 언어의 아름다움과 우아함, 유연함, 사랑을 더해주었다. Patrick Di Justus 편집자는 우리의 과학적 지식이 올바른지 확인해주고 읽을 만한 언어로 전달할 수 있도록 도와주었다. Bonnie Siegler는 Eight and a Half의 설립자로 그녀의 수석 디자이너 Andrew Capelli가 Kristen Ren, Bryan Lavery, Lucy Andersen과 함께 이 책의 원고를 다음 페이지가 궁금해서 넘기고 싶을 정도의 특별한 책으로 만들어주었다. 그들의 독창성, 미적 감각, 상상력, 유머 감각, 창의력은 타의 추종을 불허할 정도였다. 우리의 에이전트이자 친애하는 친구 Jim Levine은 우리의 아이디어가 실행될 수 있도록 도와주었다. Stephanie Sorenson은 함께 일하기에 즐거우며 창작력을 보유한 보기 드문 홍보 담당자다. Pamela Schechter는 침착하고 우아하게 이 책의 제작을 처리했다. Maureen Winter는 열정적인 판매자였으며 Steven Pace와 그 외 Workman Publishing의 영업팀은 어려움에 절대 굴복하지 않는 모습을 보여주었다. 이들은 비즈니스의 천재들이다. Dudley Reed와 Betty Reed는 저자의 사진을 보기 좋고 눈길을 끄는 작품으로 만들었다. Dudley는 마스터 사진작가로 그의 작업은 항상 우리를 놀라게 하고 즐겁게 해주었다. Masayo Ozawa는 독창적이면서 놀라운 디자인 개념을 통해 우리를 지원했으며 Black Dog & Leventhal 팀은 이 책이 어떻게 될지 예견할 수 있도록 해주었다. Jennifer Jeffries는 방대한 Getty 작품들을 통해 우리를 안내했다. Wendy Missan은 마치 추적 중인 블러드하운드처럼 성실하고 집요하게 사진 조사를 맡아주었다. 이 책에 포함된 아름답고 유익한 많은 사진들은 Wendy의 말도 안 되는 조사력 덕분이다. 우리는 Doug Hill의 편집을 통해 무엇이 되고 무엇이 안 되는지에 대해 확실히 알 수 있었다. Don Smith는 Guilford College의 물리학 부교수로 천체물리학 강의를 담당했다. 얼마나 실력 있는 선생님인지! John Goldsmith는 Sandia National Laboratories의 물리학자이자 레이저 전문가로 빛과 관련된 물리학의 기본 원칙을 안내하여 우리를 깨우쳐주었다. UC Santa Cruz에서 곧 광학/전기공학 박사를 취득할 예정인 Matthew Kissel은 시간을 내서 광학의 주요 개념에 대해 설명해주었다. Robert Hurt는 IPAC/Caltech의 주요 색상 개념을 정립해주고 우주의 사진에서 '진짜 색'과 '가짜 색'에 대해 설득력 있는 설명을 제공해주었다. 화학자 Eric Thaler는 색의 화학적 특성을 이해할 수 있도록 도와주었다. Scott Swartzwelder는 Duke University의 정신의학 및 행동과학 교수로 뇌에서 색을 감지하고 인식하는 방법에 대해 알려주었다. 지질학자인 William Rowe는 광물과 색상의 세계를 이해할 수 있도록 도와주었다. John Haines는 균류학자이자 New York State Museum의 명예 큐레이터로 균류와 색상에 대해 설명해주었다. William Bryant Logan은 자연세계에 대해 가장 탁월한 책 중 하나인 『흙』의 저자로서 우리를 광활한 토양의 세계로 이끌어주었다. Scott Mori는 The New York Botanical Garden의 Nathaniel Lord Britton 식물학 큐레이터로 식물과 조류, 곤충 세계 그리고 그들과 색의 관계에 대해 알려주었다. 우리의 훌륭한 조카이자 사촌 Mallory Eckstut는 최근 진화 생태학 및 생물 지리학 박사 학위를 취득했는데, 우리가 동물의 세계와 색을 이해할 수 있도록 도와주었다. (어린시절 내내 애완동물 구조에 힘썼는데 충분한 보상이 있었던 셈이다.) John Endler는 Deakin University의 감각 생태학 및 진화 교수로 아주 친절하면서도 인내심 있고 너그럽게 구피의 세계에 대해 설명해주었다. (그리고 우리가 모든 것을 제대로 기록할 때까지 함께 있어주었다.) 미국 자연사 박물관의 Paul Sweet와 그의 조류학자 팀은 새와 색에 대해 알려주었다. Gary Williams는 California Academy of Sciences의 무척추동물 동물학 및 지질학 부서의 큐레이터로 물 밑의 세계와 색의 관계에 대해 설명해주었다. Colleen Schaffner는 멕시코 할라파에 있는 Universidad Veracruzana의 Instituto de Neurotologia 영장류 동물학자로 영장류와 색의 관계를 알려주었을 뿐 아니라 이 책의 동물 편을 읽고 편집해주었다. 곤충학자 Stephen Lew는 그의 철저한 조사력과 시적 미학을 발휘하여 동물 세계에 대한 우리의 지식을 다듬어주었다. Joan Grubin은 색을 사용한 혁신적인 작업을 진행 중인 예술가로 슈브뢸 이후의 색상과 예술에 대한 우리의 용어와 생각을 다듬어주었다. Talat Halman은 Central Michigan University의 종교학 부교수로 그린맨과 이슬람, 그리고 녹색에 대해 가르쳐주었다. James와 Hilarie Cornwell은 『성인, 기호, 상징』의 저자로 문장학과 색에 대해 설명해주었다. Katie Caprio는 사람들에게 훌륭한 사서가 필요한 이유를 알려줄 정도로 우리에게 큰 도움이 되었다. Katie와 The Rensselaerville Library 덕분에 전 세계로부터 온 진귀한 책들을 접할 수 있었다. Burt Visotzky는 The Jewish Theological Seminary에서 미드라시 및 이종교간 학문을 담당하는 교수로 탈리스와 히브리 성경에서 파란색의 의미하는 바에 대해 알려주었다. Jeff Watt는 불교 미술 디렉터로 색과 불교의 관계에 대해 설명해주었다. Russell Foster는 옥스퍼드 대학에서 Nuffield 안과학 연구소의 수석 연구원을 담당하며 청색 광선이 우리 뇌에 미치는 영향에 대해 알려주었다. (또한 본문에 수록된 과학적 지식이 올바른지 검수해주었다.) Ellie Rose와 William Parker 의학박사, Melissa Resnick 간호학 석사 겸 공인 간호/조산사는 빌리루빈 관련 사실을 확인해주었다. Leslie Harrington은 미국색상협회의 임원으로 자신의 놀라운 도서관을 개방하여 집필 내내 훌륭한 지원자 역할을 수행해 주었다. Margot Sage-El와 Gayle Shanks는 서적 판매업의 귀재들로 우리의 표지가 올바르게 나오도록 도와주었다. Terra Tea Salon의 Grace Grund와 그녀의 팀은 우리가 이 책을 기획하고 쓰고 실행하는 내내 맛있는 점심과 차를 제공해주었다. 사랑하는 친구 Laura Scenone, 그녀가 없었다면 이 책을 완성할 수 없었으리라.

마지막으로 David Henry Sterry, 훌륭한 남편이자 사위. 이 프로젝트의 모든 단계에서 아낌없는 지원을 해주었을 뿐 아니라 수개월을 쉬지 않고 일하는 나를 참고 기다려주면서 그 어떤 작가도 지금까지 해보지 않았던 엄청난 양의 세탁을 해야만 했다.

이 책이 나오기까지 수고해준 모든 사람들에게 감사를 전한다. 그 외에도 다음과 같이 이 책이 올바른 방향으로 나아가도록 이끌어주신 훌륭한 분들이 있다. 혹시라도 이름이 누락되었다면 용서하시길.

Tamim Ansary, Chris Butler, Ginny Carter, John Cloud, Joe Durepos, Bob Durst, Bob Fosbury, David Frail, Richard Goldstein, Theodore Gray, Greg Grether, Roger Hanlon, Jenny Herdman Lando, Kimberly Hughes, Paula Krulak, Taylor Lockwood, Ayesha Mattu, Kalpana Mohan, Jim Myers, Ruth Pardee, Judy Rich, Michael Rockliff, Steven W. Roth, Melissa Rowland, Laura Schenone, Kerry Sparks, Baruch Sterman, Helen Tworkov, Silvia Vignolini, Michael Walker, Aaron White, Susan Wooldridge, Chris Wojcik, Kirsten Wolf.

참고문헌

Adams, Jad, *Hideous Absinthe: A History of the "Devil in a Bottle,"* Tauris Parke Paperbacks, London, New York, Melbourne, 2003.

Agosta, William, *Thieves, Deceivers, and Killers: Tales of Chemistry in Nature,* Princeton University Press, Princeton, NJ, 2009.

Bainbridge, James, and McAdam, Marika, *A Year of Festivals: A Guide to Having the Time of Your Life,* Lonely Planet Publications Pty Ltd, Melbourne, 2008.

Bakalar, Nicholas, "The Confusion of Pill Coloring," *The New York Times,* December 31, 2012.

Ball, Philip, *Bright Earth: Art and the Invention of Color,* Farrar, Straus and Giroux, New York, 2002.

Balfour-Paul, Jenny, *Indigo: Egyptian Mummies to Blue Jeans,* Firefly Books, Ontario, 2006.

Batchelor, David, *Chromophobia,* Reaktion Books Ltd., London, 2000.

Bhattacharjee, Yudhijit, "In the Animal Kingdom: A New Look at Female Beauty" *The New York Times,* June 25, 2002.

Bechtold, Thomas, and Mussak, Rita, *Handbook of Natural Colorants,* John Wiley & Sons, Inc., New York, 2009.

Berns, Roy S., *Billmeyer and Saltzman's Principles of Color Technology,* John Wiley & Sons, Inc., New York, 2000.

Birren, Faber, *Color: A Survey in Words and Pictures,* University Books, Inc., New Hyde Park, NY, 1963.

Blaszczyk, Regina Lee, *The Color Revolution,* MIT Press, Cambridge, MA, 2012.

Bloom, Jonathan, and Blair, Sheila (eds.), *And Diverse Are Their Hues: Color in Islamic Art and Culture,* Yale University Press, New Haven, CT, 2011.

Bok, Michael, *Arthropoda,* http://arthropoda.southernfriedscience.com

, Ronald Louis, *Rock and Gem: The Definitive Guide to Rocks, Minerals, Gems, and Fossils,* Dorling Kindersley, New York, 2005.

Bradshaw, John, *Dog Sense: How the Science of Dog Behavior Can Make You a Better Friend to Your Pet,* Basic Books, New York, 2011.

Brodo, Irwin M., Sharnoff, Sylvia Duran, and Sharnoff, Stephen, *Lichens of North America,* Yale University Press, New Haven, CT, 2001.

Burris-Meyer, Elizabeth, *Historical Color Guide,* William Helburn, Inc., 1938.

Cahan, David, *Hermann Von Helmholtz and the Foundations of Nineteenth-Century Science,* University of California Press, Berkeley, CA, 1993.

"Causes of Colors," Web Exhibits, http://www.webexhibits.org/causesofcolor

Centers for Disease Control and Prevention, Prussian Blue Fact Sheet, 2010.

Chaline, Eric, *Fifty Minerals and Gems That Changed the Course of History,* Firefly Books, Ontario, 2012.

Changizi, Mark, *The Vision Revolution: How the Latest Research Overturns Everything We Thought We Knew About Human Vision,* Benbella Books, Inc., Dallas, TX, 2009.

Chapman, Reginald Frederick, *Insects: Structure and Function,* Cambridge University Press, Cambridge, MA, 2012.

Chevreul, Michel E., *The Principles of Harmony and Contrast of Colors: And Their Applications to the Arts,* Kessinger Publishing, LLC, Whitefish, MT, 2010.

"Color," *All About Birds,* The Cornell Lab or Ornithology, http://www.birds.cornell.edu/AllAboutBirds/studying/feathers/color/document_view

Corfidi, Stephen S., "The Colors of Sunset and Twilight," NOAA/NWS Storm Prediction Center, Norman, OK, 1996.

Le Couteur, Penny M., and Burreson, Jay, *Napoleon's Buttons: 17 Molecules That Changed History,* Penguin, 2004.

Cromie, William J., "Oldest Known Flowering Plants Identified By Genes," *Harvard Gazette,* December 16, 1999.

Deutscher, Guy, *Through the Language Glass: Why the World Looks Different in Other Languages,* Metropolitan Books Henry Holt and Company, New York, 2010.

Echeverria, Steve Jr. "The Appeal of 'The Green Fairy,'" *Herald-Tribune,* September 18, 2008.

Fairchild, Mark, *The Color Curiosity Shop,* http://www.cis.rit.edu/fairchild/WhyIsColor

Farrant, Penelope A., *Color in Nature: A Visual and Scientific Exploration,* Blandford, London, 1997.

Finlay, Victoria, *Color: A Natural History of the Palette,* Random House Trade Paperbacks, New York, 2002.

Forbes, Jack D., *Africans and Native Americans: The Language of Race and the Evolution of Red-Black Peoples,* University of Illinois Press, Chicago, 1993.

Fox, Denis L., *Biochromy: Natural Coloration of Living Things,* University of California Press, Berkeley, CA, 1979.

Frazer, Jennifer, "Bombardier Beetles, Bee Purple, and the Sirens of the Night," *Scientific American,* August 2, 2011.

Gage, John, *Color and Culture: Practice and Meaning from Antiquity to Abstraction,* University of California Press, Berkeley, CA, 1999.

Gage, John, *Color and Meaning: Art, Science, and Symbolism,* University of California Press, Berkeley, CA, 1999.

Garfield, Simon, *Mauve: How One Man Invented a Color That Changed the World,* Norton, New York, 2002.

Lanier, Graham, F. (ed.). *The Rainbow Book,* The Fine Arts Museums of San Francisco in association with Shambhala, Berkeley, CA, 1975.

Gray, Theodore, *The Elements: A Visual Exploration of Every Known Atom in the Universe,* Black Dog & Leventhal, New York, 2009.

Greenfield, Amy, Butler, *A Perfect Red: Empire, Espionage, and the Quest for the Color of Desire,* Harper Perennial, New York, 2005.

Guineau, Bernard, and Delemare, Francois, *Colors: The Story of Dyes and Pigments,* Harry N. Abrams, New York, 2000.

Hall, Cally, *Gemstones: The Most Accessible Recognition Guides,* Dorling Kindersley, New York, 2000.

Harley, R. D., *Artists' Pigments C. 1600-1835: A Study in English Documentary Sources,* Butterworth Scientific, 1982.

Harré, Rom, *Pavlov's Dogs and Schrödinger's Cat: Scenes from the Living Laboratory,* Oxford University Press, Oxford, UK, 2009.

Hoffman, Donald D., *Visual Intelligence: How We Create What We See,* W. W. Norton & Co., New York, 1998.

Hutchings, John B., *Expectations and the Food Industry: The Impact of Color and Appearance,* Kluwer Academic/Plenum Publishers, New York, 2003.

Jablonski, Nina G., *Living Color: The Biological and Social Meaning of Skin Color,* University of California Press, Berkeley, 2012.

Keoke, Emory Dean, and Porterfield, Kay Marie, *Encyclopedia of American Indian Contributions to the World: 15,000 Years of Inventions and Innovations,* Infobase Publishing, New York, 2009.

Kuehni, Rolf G., *Color: Essence and Logic,* Van Nostrand Reinhold Company, New York, 1983.

Kuehni, Rolf G., and Schwarz, Andreas, *Color Ordered: A Survey of Color Systems from Antiquity to the Present,* Oxford University Press, Oxford, UK, 2008.

Kuehni, Rolf G., *Color Space and Its Divisions: Color Order from Antiquity to the Present,* Wiley-Interscience, Hoboken, NJ, 2003.

Lidwell, William, and Manacsa, Gerry, *Deconstructing Product Design: Exploring the Form, Function, Usability, Sustainability, and Commercial Success of 100 Amazing Products,* Rockport Publishers, Minneapolis, 2009.

Livingstone, Margaret, *Vision and Art: The Biology of Seeing,* Abrams, New York, 2002.

Logan, William Bryant, *Dirt: The Ecstatic Skin of the Earth,* W. W. Norton & Company, New York, 2007.

Luiggi, Cristina, "Color from Structure," *The Scientist,* February 1, 2013.

Lynch, David K., and Livingston, William, *Color and Light in Nature,* Cambridge University Press, Cambridge, UK, 2001.

MacLaury, Robert E., Paramei, Galina V., and Dedrick, Don (eds.), *The Anthropology of Color: Interdisciplinary Multilevel Modeling,* John Benjamins Publishing Company, Amsterdam, 2007.

Maerz, A., *A Dictionary of Color,* McGraw Hill Book Company, New York, 1930.

"Making Imperial Purple and Indigo Dyes," *Worst Jobs in History,* http://www.imperial-purple.com/clips.html.

McCandless, David, *The Visual Miscellaneum,* Collins Design, an imprint of HarperCollins Publishers, New York, 2009.

McKinley, Catherine E., *Indigo: In Search of the Color That Seduced the World,* Bloomsbury, New York, 2011.

Mijksenaar, Paul, and Westendorp, Piet, *Open Here: The Art of Instructional Design,* Joost Elfers Books, New York, distributed by Stewart, Tabori & Chang, New York, 1999.

Munsell Soil Color Charts, X-Rite Inc., Grand Rapids: MI, 2009, revised edition.

Nassau, Kurt, *Experimenting with Color,* Franklin Watts, a division of Grolier Publishing, New York, 1997.

Nassau, Kurt, *The Physics and Chemistry of Color: The Fifteen Causes of Color,* John Wiley & Sons, Inc., New York, 1983.

Oliver, Harry, *Flying by the Seat of Your Pants: Surprising Origins of Everyday Expressions,* Penguin, London, 2001.

Pastoureau, Michel, *Blue: The History of a Color,* Princeton University Press, Princeton, NJ, 2001.

Pastoureau, Michel, *Black: The History of a Color,* Princeton University Press, Princeton, NJ, 2008.

Petroski, Henry, *The Pencil: A History of Design and Circumstance,* Knopf, New York, 1992.

Pintchman, Tracy, *Women's Lives, Women's Rituals in the Hindu Tradition,* Oxford University Press, Oxford, UK, 2007.

Poinar, George, and Poinar, Roberta, *The Quest for Life in Amber,* Perseus Publishing, New York, 1994.

Portmann, Adolf, Zahan, Dominique, Huyghe, Rene, Rowe, Christopher, Benz, Ernst, and Izutsu, Toshihiko, *Color Symbolism: Six Excerpts from the Eranos Yearbook 1972,* Spring Publications, Inc. Dallas, TX, 1977.

"Racial Classifications in Latin America," *Zona Latina,* http://www.zonalatina.com/Zldata55.htm

Schopenhauer, Arthur, *On Vision and Colors,* Princeton University Press, Princeton, NJ, 2010.

Shrestha, Mani, Dyer, Adrian G., Boyd-Gerny, Skye, Wong, Bob B. M., and Burd, Martin. "Shades of Red: Bird-Pollinated Flowers Target the Specific Colour Discrimination Abilities of Avian Vision." *New Phytologist,* 2013, 198(1), 301–310.

Slocum, Terry A., *Thematic Cartography and Visualization,* Prentice Hall, Upper Saddle River, NJ, 1999.

Smith, Annie Lorrain, *Lichens,* Cambridge University Press, London, 1921.

Spanish Word Histories and Mysteries: English Words That Come From Spanish, Houghton Mifflin Harcourt, Boston, 2007.

Stevens, Abel, and Floy, James (eds.) *The National Magazine: Devoted to Literature, Art, and Religion, Volume 12,* Carlton and Phillips, 1858.

Sterman, Baruch, and Sterman, Judy Taubes, *The Rarest Blue: The Remarkable Story of an Ancient Color Lost to History and Rediscovered,* Lyons Press, Guilford, CT, 2012.

Tan, Jeanne, *Colour Hunting: How Colour Influences What We Buy, Make And Feel,* Frame Publishers, Amsterdam, 2011.

Taussig, Michael, *What Color Is the Sacred?,* The University of Chicago Press, Chicago, 2009.

Thaller, Michelle, "Why Aren't There Any Green Stars?," *Ask an Astronomer,* http://www.spitzer.caltech.edu/video-audio/150-ask2008-002-Why-Aren-t-There-Any-Green-Stars-

"The Search for DNA in Amber," Interview with Jeremy Austin and Andrew Ross. Natural History Museum, London, http://www.nhm.ac.uk/resources-rx/files/12feat_dna_in_amber-3009.pdf

Theroux, Alexander, *The Primary Colors: Three Essays,* Henry Holt & Company, New York, 1994.

Theroux, Alexander, *The Secondary Colors: Three Essays,* Henry Holt & Company, New York, 1996.

Tufte, Edward R., *Envisioning Information,* Graphics Press, Cheshire, CT, 1990.

US Department of Veteran's Affairs, "The Purple Heart," http://www.va.gov/opa/publications/celebrate/purple-heart.pdf

Vignolini, Silvia, Rudall, Paula J., Rowland, Alice V., Reed, Alison, Moyroud, Edwige, Faden, Robert B., Baumberg, Jeremy J., Glover, Beverly J., Steiner, Ullrich, "Pointillist Structural Color in Pollia Fruit," Proceedings of the National Academy of Sciences of the United States, 2012, 109(39), 15712-15715.

Walsh, Valentine, Chaplin, Tracey, and Siddall, Ruth, *Pigment Compendium,* Routledge, London, 2008.

Whatsonwhen (ed.), *300 Unmissable Events & Festivals Around the World,* John Wiley & Sons, Inc., New York, 2009.

Whitehouse, David, "Oldest Lunar Calendar Identified," *BBC News,* October 16, 2000.

World Carrot Museum, http://www.carrotmuseum.co.uk

Zimmer, Marc, *Glowing Genes: A Revolution in Biotechnology,* Prometheus Books, Amherst, NY, 2005.

사진 및 그림 출처

다음을 포함하여 게티 이미지Getty Images의 허가 하에 사진을 게재합니다. 그 외 출처는 다음과 같습니다.

Page 10: Science Photo Library. **12:** Apic. **13:** SSPL. **15** (top): UIG. **20:** SSPL. **28:** Buyenlarge. **30 and 32:** Bridgeman Art Library. **37** (top, left): Dorling Kindersley; (center): Oxford Scientific; (bottom, right): hemis.fr. **38** (bottom): UIG. **39:** Bridgeman Art Library. **42** (left): Bridgeman Art Library; (right): AFP. **43** (top, left): Gallo Images; (top right): De Agostini. **44:** Iconica, **45:** Buyenlarge. **46** (left): Lonely Planet Images; (center): Photolibrary; (right): Workbook Stock. **47:** De Agostini. **48:** Flickr. **50:** Stocktrek Images. **53:** NASA. **54:** Science Faction. **55-58:** Oxford Scientific. **59:** Flickr. **60** (top, right): Stone; (top, left): Riser; (center, right): Flickr Open; (center, left): E+; (bottom, right): Dennis McColeman; (bottom, left): Lonely Planet Images. **61** (top, left): E+; (top, right): Flickr; (center left): Lonely Planet Images; (center, right): Alvis Upitis; (bottom, left): Flickr; (bottom, right): Vincenzo Lombardo. **63:** Photodisc. **64:** Flickr Open. **66** (top,left): Comstock Images; (top, center): MIXA Co.Ltd.; (top, right): Gyro Photography; (bottom, left): Flickr; (bottom, center): Maskot; (bottom, right): Flickr. **68:** Radius Images. **73:** UIG. **74:** Dorling Kindersley. **76** (left): Alinari; (right): Foodpix. **77:** UIG. **78:** Christopher Furlong. **79:** Image Bank. **80:** Flickr. **82** (left): Foodcollection; (right): Bryan Mullennix. **83:** Glowimages. **84:** Taxi. **86** (right, center): Tobias Titz; (left): UIG; (left, center): Photodisc; (center): Flickr; (right): Lonely Planet Images. **87:** Flickr Open. **88:** Flickr; (inset): Tetra Images. **89** (left): Flickr Open; (right): Flickr, **90:** National Geographic. **94** (right): Photolibrary; (left, center): DAJ; (right, center): Datacraft Co.Ltd; (left): Photodisc. **95** (right): Koichi Eda; (right, center): Photodisc; (left, center): Datacraft Co.Ltd; (left) Datacraft Co.Ltd. **96** (top, left): Flickr; (top, left, center): Flickr; (top, right, center): Datacraft Co.Ltd; (top, right): Photodisc; (bottom, left): Bambu Productions; (bottom, left, center): Digital Vision; (bottom, right, center): National Geographic; (bottom, right): Stockbyte. **97:** Flickr. **98** (garnet): Dorling Kindersley; (iron and copper): De Agostini. **99** (manganese): De Agostini; (jade): Photononstop; (ruby): Dorling Kindersley. **100:** UIG, **101** (right): Flickr Open. **104** (right): Frank Cezus; (left): Science Photo Library; (center, bottom): Flickr; (center left and right): Dorling Kindersley. **105** (bottom, left): Flickr; (top right and left): Dorling Kindersley; (bottom, right): E+. **109:** UIG. **110** (top): Stockbyte; (bottom): Galerie Bilderwelt. **111:** Image Bank. **112:** Flickr Open. **117:** Vetta. **118-119:** AFP. **120:** Stock4B. **122** (left): Flickr; (center and right): National Geographic. **124** (top): Visuals Unlimited; (center, left): National Geographic; (center, right): Visuals Unlimited; (bottom): Oxford Scientific. **125:** Flickr. **126** (apricot and tomato): Rosemary Calvert; (chilis and sweet potato): E+. **127** (onion and oranges): Rosemary Calvert; (blueberries): Stuart Minzey; (grapes): Bernard Jaubert; (top , right): Gyro Photography; (top, center): Photodisc; (top, left): Datacraft Co.Ltd. **129** (left, bottom): E+; (right): Datacraft Co.Ltd. **130:** ImageBank. **132** (top, left and right; bottom, left): Photodisc. **133** (top): Imagemore; (bottom): Oxford Scientific, **134** (bottom)-**135:** Minden Pictures. **136:** Flickr. **137** (clockwise from top): Photodisc; Dorling Kindersley; Lifesize; E+; E+; Photographer's Choice; E+; Stockbyte; Flickr; Flickr; Flickr. **138** (center): Flickr. **142:** Gallo Images. **143** (left): Science Photo Library; (right); Stockbyte, **147** (center): UIG; (bottom): Lonely Planet Images. **148** (right): Fotosearch. **149** (left): ImageBank; (right): Bridgeman Art Library; (left, bottom): Peter Arnold. **152:** Flickr. **153** (top): Bridgeman Art Library. **154:** Bridgeman Art Library. **155** (left and right): SSPL. **156:** Dorling Kindersley. **159:** Stockbyte. **160** (left to right): Stockbyte; Stockbyte; Seide Preis; Flickr Open; Photodisc; Photolibrary; National Geographic; Digital Vision; E+; Flickr; Gallo Images; Flickr; Flickr Open; (bottom): Flickr. **161:** Flickr. **162** (left to right): E+; Flickr; Dorling Kindersley; Photodisc; Photodisc; Digital Vision; Photodisc; E+. **164:** Imagebroker. **165** (left): Photodisc; (inset): E+. **167:** Gary Vestal. **169:** Digital Vision. **170:** Comstock Images. **171** (top, left): E+; (right): Stockbyte. **172** (top, left): Flickr; (top, right): Digital Vision; (bottom, left): Photodisc; (bottom, right): Minden Pictures. **173** (top, left): Visuals Unlimited; (right): Minden Pictures. **174** (top): Stone; (bottom, left): Dorling Kindersley; (bottom, right): E+; (right): Dorling Kindersley. **175** (top): Flickr; (top, left): Oxford Scientific; (top, center and right): Flickr; (bottom, center); UIG; (bottom, left): Comstock Images; (bottom, right): Stocktrek Images. **176** (bottom, right):

Imagemore. **177** (left): Gallo Images; (top, left): Design Pics; (top, center): Digital Vision; (top, right): National Geographic; (center, left): Dorling Kindersely; (center, center): Flickr; (center, right): Design Pics; (bottom, left and center): Design Pics; (bottom, right): Dorling Kindersley. **178** (left): Flickr; (right, center): E+; (right): AFP. **179** (top, right): National Geographic; (right, bottom): Flickr; (left top and center): Flickr. **180** (right): Flickr. **184:** (left): Panoramic Images; (center): Photodisc; (right): Dorling Kindersley. **185:** Dorling Kindersley. **186** (left): De Agostini; (right): UIG; (bottom): Dorling Kindersely. **192** (center): E+; (right): UIG. **195:** Photodisc. **196:** Science Photo Library. **198:** AFP. **206:** Axiom. **207:** UpperCut Images. **208** (left): Photolibrary; (center): Photodisc; (right): Vetta. **210:** AFP. **215** (left): Buyenlarge. **216** (top left and right): Image Bank; (center, left): China Span; (center, right and left): Loney Planet Images; (bottom, right) Photodisc. **217** (top, left): hemis.fr; (top, right): Stockbyte; (center, left): LOOK; (center, right): Dorling Kindersely; (bottom left and right): Lonely Planet Images. **224:** SSPL. **225:** Lonely Planet Images. **227:** Don Farrall. **228:** De Agostini. **229:** Franco Origlia. **230:** Time & Life Pictures.

그 외 사진 및 그림 출처

Page 14: (bottom) Color Sphere in 7 Light Values and 12 Tones, Johannes, Itten. Digital Image © The Museum of Modern Art/Licensed by SCALA/Art Resource, NY; (center) Proofs for the artist's illustrated "Color Sphere," Philippe Otto Runge. bpk, Berlin/Art Resource, NY. **Page 19:** Copyright © Sam Schmidt. **Page 24:** (left and right) Arielle Eckstut. **Page 31:** Electric Prisms, 1914 by Sonia Delaunay-Terk. SCALA/Art Resource/NY. **Page 32:** (left, center) Study for Homage to the Square: Beaming, 1963, Josef Albers. Tate, London/Art Resource, NY; (right, center) Hommage to the Square: Mild Scent, 1965, Josef Albers. bpk, Berlin/Art Resource, NY. **Page 33:** (top) Study for Homage to the Square, 1969, Josef Albers. Albers Foundation/Art Resource, NY; (bottom) Untitled, 1969 by Mark Rothko. Art Resource, NY. **Page 38:** (top left and right) Juan Cazorla Godoy. **Page 41:** Copyright © Peggy Vigil Herrera. **Page 43:** (bottom) Tara Bradford. **Page 44:** (center) Stefan/Volk/Laif/Redux. **Page 51:** SPL/Photo Researchers. **Page 74:** (right) Kimberly Hughes. **Page 93:** (bottom, left and right) Stan Celestain. **Page 99:** (chromium) Mohd Alshaer; (emerald and amethyst) Stan Celestain; (tourmaline) Jacana/Photo Researchers. **Page 102:** Munsell Soil-Color Charts, Produced by Musell Color. **Page 115:** Historic Koh-I-Noor pencil and relics. Courtesy of Chartpak, Inc.; Hi-Liter. Property of Avery Dennison Corporation. **Page 116:** "A Few Things the Versatile Yellow Kid Might Do for a Living." Billy Ireland Cartoon Library & Museum, The Ohio State University. **Page 123:** Fruits of Pollia condensata conserved in the Herbarium collection at Royal Botanic Gardens, Kew, United Kingdom. Material collected in Ethiopia in 1974 and preserved in alcohol-based fixative. (Image from Paula Rudall.) **Page 124:** (right) Alamy. **Page 126:** (top, left) Nnehring/iStockPhoto. **Page 128:** Emily Mahon. **Page 129:** (top, left) Arielle Eckstut. **Page 132:** (bottom, right) Adam Carvalho. **Page 134:** (top) Owen McIver. **Page 138:** (top and bottom) Kevin Collins. **Page 140 and 141:** All photos courtesy of Taylor F. Lockwood. **Page 148:** (left) Matthew Coleman. **Page 150:** Procession of the Magi, Benozzo Gozzoli. SCALA/Art Resource, NY. **Page 153:** (bottom) Paris Green. Photograph by Theodore Gray, www.periodictable.com. **Page 165:** (right top and bottom) Robert Fosbury. **Page 166:** Robert Fosbury. **Page 167:** (top) Courtesy of The American Museum of Natural History; (left) Courtesy of Paul Sweet, The American Museum of Natural History. **Page 171:** (left, bottom) Jason Farmer. **Page 173:** (bottom, left) Steve Patten. **Page 176:** (left, center) Roger Hanlon; (coral snake) Paul Marcellini. **Page 180:** (left) Ted Kinsman/Photo Researchers. **Page 181:** Michael Bok. **Page 187:** Society of Dyers and Colourists—Colour Experience. **Page 188:** The Great Wave at Kanagawa by Katsushika Hokusai. © RMN-Grand Palais/Art Resource, NY. **Page 190:** (left) Hanoded photography/istockphoto; (center and inset) © 2008 Photography by Hangauer/Kissinger. **Page 192:** Mark Thiessen/National Geographic Stock. **Page 200:** (left) © Soames Summerhays/Science Source/VISUALPHOTOS.COM; (center) Pierre David. **Page 202:** World Skin Color Country Maps by Reineke Otten www.worldskincolors.com **Page 205:** The Empire of Light II by René Magritte. Digital Image © The Museum of Moder Art/Licensed by SCALA/Art Resource, NY. **Page 209:** God creating the waters, detail of folio of late 12th-century Souvigny Bible. Gianni Dagli Orti/The Art Archive at Art Resource, NY; Spectrum, IV. 1967 by Ellsworth Kelly. Digital image © The Museum of Moder Art/Licensed by SCALA/Art Resource, NY. **Page 212:** Copyright Transport for London, May 2013. **Page 213:** (top, right) Rust-Oleum Industrial Brands. **214:** (top) Minnesota Vikings Football, LLC and the Minnesota Sports Facilities Authority. Medieval Flags by Hilarie Cornwell. **Page 215:** Logo Rainbow by Dan Meth. **Page 223:** (left and right) Baruch Sterman. **Page 224:** Fabio Marongiu. **Page 231:** American Independence Museum, Exeter, NH. **Page 232:** IKB 79, 1959 by Yves Klein. Tate, London/Art Resource, NY.

찾아보기